神秘的南极

走进地理世界丛书

ZOUJIN DILI SHIJIE CONGSHU

本书编写组◎编

世界图书出版公司

广州·北京·上海·西安

图书在版编目（CIP）数据

神秘的南极／《神秘的南极》编写组编著. —广州
：广东世界图书出版公司，2009．12（2024.2 重印）
ISBN 978－7－5100－1624－0

Ⅰ．①神… Ⅱ．①神… Ⅲ．①南极－青少年读物
Ⅳ．①P941．61－49

中国版本图书馆 CIP 数据核字（2009）第 237631 号

书　　名	神秘的南极	
	SHENMI DE NANJI	
编　　者	《神秘的南极》编写组	
责任编辑	刘国栋	
装帧设计	三棵树设计工作组	
出版发行	世界图书出版有限公司　世界图书出版广东有限公司	
地　　址	广州市海珠区新港西路大江冲 25 号	
邮　　编	510300	
电　　话	020-84452179	
网　　址	http://www.gdst.com.cn	
邮　　箱	wpc_gdst@163.com	
经　　销	新华书店	
印　　刷	唐山富达印务有限公司	
开　　本	787mm×1092mm　1/16	
印　　张	10	
字　　数	120 千字	
版　　次	2009 年 12 月第 1 版　2024 年 2 月第 13 次印刷	
国际书号	ISBN　978-7-5100-1624-0	
定　　价	48.00 元	

前　言

PREFACE

公元 15 世纪到 18 世纪时，欧洲人在地图上普遍标注一个假想的大陆，他们命名它为"未知的南方大陆"，别名墨瓦腊泥加，拉丁语的意思是斐迪南·麦哲伦的国。

未知的南方大陆这个想法最初是由两千多年前古希腊哲学家亚里士多德提出来的，他曾经推测在地球最南端应该有一块很大的陆地，只有这样才能和北方的大陆保持平衡。他称之为"未知的南方大陆"。这个观念后来由托勒密进一步扩展，他相信印度洋就位在南方大陆的附近，因为有这块大陆存在才能与北半球的大陆达成平衡。甚至到了 17 世纪末期，探险家陆续发现南美洲与澳洲的存在、并未见传说中的"南方大陆"后，地理学家仍然相信南极洲会比它的实际大小还要庞大。欧洲古地图依然持续描绘着这块当时是假想中的大陆。

南极洲，是人类最后到达的大陆，也叫"第七大陆"，位于地球最南端，土地几乎都在南极圈内，四周濒太平洋、印度洋和大西洋，是世界上地理纬度最高的一个洲。

如今这块最后被发现的大陆已经不是假想中存在于人类的大脑中了，并且随着人类对它的认知不断全面、加深，更多南极的秘密被逐渐揭开。我们得以看清这块被誉为世界第七大陆的地方。那里有厚达数千米的积雪；那里是世界上最寒冷的地方；那里是世界平均海拔最高的大陆；那里有冰山、那里有企鹅；那里有极昼、极夜。尽管这块大陆对我们不再神秘，但仍然有许多、许多的值得我们继续探索的地方。

目 录

南极——冰雪世界
NANJI——BINGXUE SHIJIE

　　南极洲的英文名为 Antarctica，它的来源也众说纷纭。一说因为挪威的探险家博克格尔文克是第一个踏上南极大陆的人，而他来自一个叫 Antica 的小镇。Arctic 在英语中是北极的意思，而南极洲（Antarctica）则是指与北极相反的地方。

　　南极被人们称为第七大陆，是地球上最后一个被发现、惟一没有土著人居住的大陆。南极大陆的总面积为 1390 万平方千米，相当于中国和印巴次大陆面积的总和，居世界各洲第五位。整个南极大陆被一个巨大的冰盖所覆盖，平均海拔为 2350 米。南极洲蕴藏的矿物有 220 余种。

　　南极洲原是古冈瓦那大陆的核心部分。大约在 1.85 亿年前古冈瓦那大陆先后分裂为非洲南美洲板块、印度板块、澳洲板块并相继与之脱离。大约在 1.35 亿年前非洲南美板块一分为二，形成了非洲板块与南美板块。大约在 5500 万年前澳洲板块最后从古冈瓦那大陆上断裂下来飘然北上，于是只剩下了南极洲。

南极概述

人类认识最迟的大陆

南极，曾经被人们称为地球尽头。在世界的七个大洲中，它是人类认识最迟的一个。虽然，人类在地球上的文明史已经有了几千年，但是人们对南极大陆的认识却仅仅是不到 200 年的事。

从 15 世纪末开始一直到 19 世纪初，许多航海家为了寻找南极大陆，曾经做了种种尝试，先后在靠近南极的地方发现了不少岛屿，但是，并没有一个人真正到达南极大陆。直到 1821 年 2 月 7 日，美国人约翰·戴维斯乘船在南极半岛北端的休斯湾登陆，才使人类第一次真正地登上了南极大陆。从那时候开始，人类对南极大陆的探险活动也如火如荼地展开了。1909 年埃沃思、戴维斯·麦凯、道格拉斯·莫森等第一次到达南磁极。1911 年 12 月 14 日挪威人阿蒙森，1912 年 1 月 18 日英国人斯科特，先后到达南极点，这一系列事件都推动了人类对南极大陆内部的探险活动的发展。1957 年至 1958 年的国际地球物理年期间，这一探险活动达到了高潮，标志着国际合作研究南极的开始。当时，来自 12 个国家的大约 5000 名科学家参加了对南极科学研究的讨论。研究内容包括宇宙线、地磁、冰川、物理、气象、地震、海洋及海洋生物等学科。

阿蒙森—斯科特站鸟瞰图，摄于 2005 年 1 月

1957 年，人们第一次在南极大陆建立了全年研究站，其中包括美国在南极点建立的阿蒙森—斯科特站。1958 年，12 个国家代表组成了南极考察科学委员会。1959 年 12 月 1 日，《南极条约》正式签署。条约规定，南极只能用于和平目的，各国可以自由地进行科学研究，不承认任何国家对南极的领土要求，禁

止在南极进行核试验及处理放射性废料等。此后，又有其他一些国家相继加入了《南极条约》。

人类如此重视对南极的研究探索，一个重要的原因就是南极在地球科学的研究中具有极其重要的作用。在地球绕日公转的运动中，地球的南极和北极处于和地球其他部分截然不同的位置。地球两极附近的磁场的性质包括方向和强度都极为特殊。又由于地轴倾斜，在极圈以内出现了极昼和极夜的现象。极地宇宙线的研究，极光、双日现象、陨石等等都是人类非常有兴趣研究的话题。

南极的范围

现在人们通常说的南极实际上是一个泛称。我们可以用它指南极洲、南极大陆、南极点，甚至还可以用来指南大洋。但是，南极区域的范围有多大？它的界限又应该怎样划分呢？对于这个问题，不同学科的科学家根据本学科的特征，提出了多种不同的划分方法。

植物学家主张以南半球树木分布的界限作为南极区域的界线，按照他们的主张，南纬50°以南的区域为南极区域；气象学家认为应以南极夏季的1月份10℃等温线作为南极区域的边界，这样，南极区域界线就被界定在南纬50°~55°的地方；地质学家则认为南极区域的界限应该为南极大陆的实际边缘，按照这个方法划分，南极的范围几乎就相当于是南极洲的地域范围。

1958年2月，在南极研究科学委员会（SCAR）的首次会议上，专门就南极区域范围的划分这一问题进行了讨论。各国科学家一致认为，南极区域应当以南极辐合带作为边界，同时也包括辐合带以外的一些具有南极环境特征的亚南极岛屿。另外，天文学家还从南、北极受太阳的照射的角度出发，提出了以南极圈（南纬66°33′）为南极区域北界的理论。

1959年12月1日，12个国家在美国首都华盛顿签订了《南极条约》，并把南纬60°以南的广大区域规定为该条约的适用范围，从此，人们就把这个区域理解为南极区域，并广泛地使用。这也就意味着，南纬60°以南的所有海洋和陆地都属于南极区域范围。也就是说，南极区域包括南极洲和南大洋两大部分。

南极洲

一般来说，南极洲包括两部分：南极大陆和南极大陆周围的岛屿。它的总面积为 1400 万平方千米，约占世界陆地面积的 10%，相当于美国和墨西哥面积之和。南极洲的面积在世界七大洲中名列第五。在南极大陆周围，密布着星罗棋布的岛屿，其面积总共为 7.6 万平方千米。

在在世界七大洲中，南极洲是人类最晚发现的一个大陆，也是距各大洲最遥远和最孤独的大陆。南美洲离它最近，中间隔着只有 970 千米的德雷克海峡；澳大利亚距离它约有 3500 千米；非洲距离它约有 4000 千米。

南极大陆地处地球的最南端，几乎包括整个的南极洲。它被太平洋、印度洋和大西洋三大洋包围着。在这块大陆上，除南极科学考察者和一些捕鲸人的临时活动外，还没有发现有长期居住的人类，也可以说是一块无人居住的大陆。

南极洲平均高度为 2100 ~ 2400 米，为世界上最高的洲。整个大陆几乎被

南极洲大地构造略图

冰雪终年覆盖着，冰层的厚度有1950米左右。除掉冰层，实际大陆的平均高度只有300多米。也就是说，冰层是南极大陆成为最高大陆的原因。南极洲的最高处恰巧位于地球上最寒冷的南极端点，即南极洲罗斯陆缘冰以南约480千米处，海拔高度达2992米，冰厚2699米，地壳的表层高度却仅有293米。

南极大陆的形状就像一只正在开屏的孔雀。孔雀的头部是指向南美洲的南极半岛，孔雀的颈部两边就是嵌入南极大陆两边的罗斯海和威德尔海，孔雀展开的屏部占据南极大陆的绝大部分。

南极大陆被南极横贯山脉分成两部分。东面一部分叫东南极洲，西面一部分称西南极洲，在地理和地质上，这两部分差别很大。东南极洲的中心位于难接近点，从任何海边到难接近点的距离都很远。东南极洲平均海拔高度2500米，最大高度4800米。西南极洲面积只有东南极洲的1/2。南极大陆的最高山峰——文森峰（5140米）在西南极洲。

而在地质构造上，东南极洲与西南极洲的区别也十分明显。东南极洲是一块很古老的大陆，经过科学家的推算，证实它已经有几亿年的历史；而西南极洲形成的时间比较晚，在东南极洲已经形成的时候，这里还是海洋，后来经过地壳运动，一些岛屿才从海中升起。

在南极大陆周围，分布着许许多多的岛屿，它们主要位于西部和南极半岛沿岸区。在这些岛屿中，较大的有巴勒尼群岛、斯特季岛、格斯特岛、谢珀德岛、罗森岛、琴斯顿岛、彼得一世岛、夏科岛、阿得雷德岛、亚历山大岛、赫斯特岛等。由于它们长时期被冰所覆盖，人们又称之为固定式的冰岛。另外，在通常地图上的正南方向上，有一个南极地区的最大半岛，那就是著名的南极半岛。南极半岛主要由山岭构成，南北长达1300千米。半岛的最高点位于杰克逊山顶，海拔高度为4191米。该半岛北隔布兰斯菲尔德海峡与南设得兰群岛相望，它们是一组隆起的群体。1820年1月30日，海豹猎人威廉·史密斯和英国海军军官E.布兰斯费尔德航海首次穿过布兰斯菲尔德海峡（这个海峡就以他的姓氏命名的）时发现了此岛。

南极圈

南极圈和北极圈一样，是地球上地域的划分界限，是地球划分的五个气候带当中的一个分带。

南极圈指的是南纬66°33′这条纬线，南极洲的绝大部分位于南极圈之内。这个圈并不是人们随意划分的。天文学家从两极所受太阳光的角度出发，提出了一种用光线来确定南极地区永久界限的方法。这一方法的依据是地球围绕着太阳运行时地轴本身的倾斜度固定不变的原理。也就是说，地轴对着太阳倾斜角度约23.5°是固定不变的。因为南、北极与垂直于地球绕太阳运行轨道的平面形成一个约23.5°的角度，这条23.5°线在地球转动时正好通过南纬和北纬66°33′的地方。这就是南、北极圈的由来。另外，南极圈也是南温带与南寒带的界限。

南极点

南极点在地理位置上有着非常明显的特征。

从纬度上说，南极点在地球表面上是南纬90°，也就是说南极点是地球南半球上纬度最高的点。因为地球是一个扁平的椭球体，所以，南极点也是南半球地面上距地心最近的一点。

从经度上说，南极点是地球上所有经线在南端的一个汇聚点。也就是说，地球上任何地方的两个人，如果他们始终沿着一条经线向着正南方向前进，那么他们最终会在同一个点上会师。他们会师的这个点就是南极点。

南极点位于南极大陆的中部，高度为海拔3800米，冰层厚约2000米，气候十分恶劣，年平均气温为-50℃，最低气温为-80℃，年平均降水量为3毫米。

南极点是地球上没有方向性的点。站在南极点，东西南三个方向完全失去了意义，在这里只有一个方向，那就是北方。

在南极点上，24小时昼夜概念是不存在的。因为在南极的冬季，南极点有半年根本见不到太阳，全是黑夜；在南极的夏季，南极点有半年太阳永不落，全是白天。这样，在南极点有半年的白天，半年的黑夜，所以在南极点的一昼夜不是一天，而是一年。

在南极点，如果围绕极点上的旗杆转一周，最慢的也不过是几分钟时间就可以完成了。这却等于围绕地球转一周。

在南极点，任何一个表所指示的时间都是绝对准确的。因为全世界的时间都是由连结南极和北极的子午线决定的。南极点是所有子午线集中的地方，所以全世界的时间都集中到这一点上。因而，在南极点上，只要说自己的表是随意选择的子午时间，就永远不会错。

人类第一个到达南极点的是挪威探险家罗阿德·阿蒙森率领的 5 人探险队，在与英国探险家罗伯特·弗肯·斯科特率领的 5 人南极探险队的竞争中，该队率先于 1911 年 12 月 14 日到达南极点。斯科特于 1912 年 1 月 17 日到达南极点，比阿蒙森晚了 1 个多月。1957 年 1 月，美国在南极点建立了"阿蒙森—斯科特"站，这是一个建在南极点冰盖上的科学考察站。虽然地理南极点的位置是不变的，然而美国建在南极点的阿蒙森斯科特站已不在南极点了。因为冰雪是运动的，而阿蒙森 – 斯科特站则建在冰雪上，它随着冰雪每年都在移动。同样，当初到达南极点的阿蒙森和斯科特留下的旗帜和帐篷现在也早已不在南极点的位置了。

罗阿德·阿蒙森

南极边缘的实地界线

前文提到，南极区北部的理论界线为南纬 66°30′ 这条纬线。虽然位置十分明确，但是这条纬线基本上在南极边缘海域无标志的蓝色海面上。所以如何在实地确定这条界线，曾经让许多人感到头疼。

但是，问题难不倒聪明的人类。南极区特殊的气候环境与它北部毗邻地区的差异性，在它们之间形成了南极区边缘辐合带。人们就利用南极区边缘辐合带这一概念很好地解决了这个问题。

南极区边缘辐合带，也称"南半球极地锋面带"，形成它的决定性因素是温度。我们知道，南极区海域表层水不仅低温，而且密度高，当它到达南部边缘水温较高、密度相对变小的海区时，以其自身的重力作用，迅速沉降到暖水层下。在大洋中构成巨大的经向环流系统，形成影响地球气候的寒流，并于南极区北部边缘地带产生了明显的海水辐聚现象，形成了辐聚带，即辐合带。这里便是南极区北部边缘的实地界限。

辐合带的位置并非一成不变的，它随季节性的时间变更发生移动，其宽度约30～50千米，明显地表现出海洋特征。1955年，英国探险家瓦利·赫伯特第一次去南极探险后，在他的探险录中写道："当我们穿过雾障，来到天气晴朗的海域时，发觉海水改变了颜色，温度计上的读数下降了好几度，海洋中的生物出现了显著的差异，海水化学成分明显不同，气候和盘旋在海面上空的鸟类等，一切都发生了变化，呈现出崭新的景致。"

海水表层的辐合带是南极区边界的现场划分线，该带上空的笼罩云雾也是南极航海者进入南极区的直观标志。它们都是南寒带与南温带的分界线。

 知识点

南极条约体系

南极条约体系是指《南极条约》和南极条约协商国签订的有关保护南极的公约以及历次协商国会议通过的各项建议和措施。

南极大陆

南极大陆的地形

由于南极大陆的表面大部分都为冰雪所覆盖，所以当人们提到其地形时都会将其分成2种：一种是可见的地形，一种是不可见的地形。可见的地形是指由暴露于地表的岩石和冰组成的地形；不可见的地形是指通过地震技术或遥感技术测知的冰下基岩地形。但是，这两种地形有一个共同点，就是它们都是经过长期缓慢的冰川过程演变而来的。

南极横贯山脉把南极分为东西两部分。该山脉从南太平洋岸边开始，沿着罗斯海岸逶迤向南，横穿南极大陆，直达大西洋的菲尔希纳冰架东侧，全长 3000 多千米。在维多利亚地，这条山脉十分突出，山峰连绵不断。它与将军山脉相接，然后并入皇家学会山脉，构成非常壮观的、历史上有名的麦克默多海峡的背景。亚历山德拉山脉和毛德山脉向南极点附近的霍利克山脉和西尔山脉延伸。南极横贯山脉的中段，大部分都处在冰盖之下，但是，它一直延伸到科茨地的彭萨科拉山脉、沙克尔顿山脉和西伦山脉。在整个南极横贯

冰雪覆盖的南极大陆

山脉上，有许多海拔 3000～4000 米的高大山峰。

南极横贯山脉东面的大陆，绝大部分位于东经范围，因此称东南极洲，又因其面积占整个南极大陆的大部分，又称为大南极洲。东南极洲主要由冰雪覆盖而成的高原组成。在沿岸附近，有许多被冰雪覆盖的山峰，它们一般排列成线状，构成明显的山系。东南极洲沿岸的一条主要山系在毛德皇后地，它由穆利格—霍夫曼山脉、沃特塔特山脉、索尔—隆戴恩山脉、比利时山脉和费比沃拉皇后山脉组成。在恩德比地，有斯科特山脉和图拉山脉。在麦克罗伯逊地，有一系列山脉，铁矿储量十分丰富的查尔斯王子山脉就是其中的一条。

在东南极洲有南极大陆的两座活火山：一座是罗斯岛上的埃里伯斯火山，海拔高度 3795 米，有 4 个喷火口，是南极洲最大的活火山。1841 年，英国探险家罗斯最早发现了它，并用他一艘船的名字"黑暗"号将其命名为黑暗火山（音译为埃里伯斯火山）。该火山的山顶终年烟雾缭绕，并时常有火山活动。1979 年 11 月 28 日，新西兰一架载有 257 名游客和机组人员的"DC—10"大型客机，就在这座火山上坠毁，机上人员全部遇难。另一座是在维多利亚地的墨尔本火山，海拔高度 2591 米。

南极横贯山脉西面的部分，全部位于西经范围，所以也称西南极洲，又

因其面积只有东南极洲的1/2，所以亦称小南极洲。西南极洲包括多山的南极半岛、罗斯冰架、菲尔希纳冰架和伯德地。伯德地最高海拔高度可达3000米，在其冰盖上面也有一些重要山脉。尤萨普山脉是主要山系，它包括克拉里山脉、执行委员会山脉和福特山脉。尤萨普山脉沿着伯德地海岸延伸到罗斯冰架，并通过别林斯高晋海岸边的琼斯山脉与南极半岛的山脉连在一起。另外还有一条山系叫埃尔斯沃思山脉，南极大陆的最高峰文森峰就在这里。在地质上，埃尔斯沃思山脉有着非常重要的研究价值，因为它在地形上同东南极洲的联系似乎比同南极半岛上的山脉更为密切。南极半岛顶端附近的南设得兰群岛中的欺骗岛，也是一座活火山。

南极大陆的另一种地形，是冰下的基岩表面地形。由于巨大冰盖的沉重压力，南极大陆及周围岛屿的岩石圈都会往下弯曲，以达到重力平衡。通过对南极大陆冰盖厚度的详细全面地探测，我们知道东南极洲的大部分地区的基岩表面在海平面以上；西南极洲的绝大部分地区的基岩表面却在海平面以下，也就是说，冰盖下面的陆地实际上比海平面还要低，有的地方甚至在海平面以下2000米。如果把南极冰盖揭掉，南极大陆的地貌就会和现在的模样截然不同，而且东南极洲和西南极洲的差别也会非常明显。东南极洲的面积与现在差不多，高度要大大降低；西南极洲的面积不仅会大大缩小，而且南极半岛也不再是和西南极大陆连在一起的半岛，而是一个长条形岛屿，中间有一条很深的海沟，把南极半岛和大陆完全分开。南极半岛上的山峰构成多山岛弧。

湖泊与河流

和其他大陆一样，南极洲也分布有众多的淡水湖和咸水湖。对在南极进行科学考察的人们来说，淡水湖有着非常重要的意义，它能够使科考人员的生活更加方便。但是，绝大多数的考察站附近没有淡水湖，所以他们的生活用水不是融化坚硬的冰雪就是海水淡化，这样，不但成本很高，而且队员用水还要受到很大的限制。

在南极洲上，咸水湖或盐湖多处可见。唐胡安湖是南极的咸水湖中最有名的一个。其湖水含盐度非常高，每升含盐可达270多克，而且味道特别咸。另外，即使在当地零下70℃的条件下，湖水也不结冰。

另一种咸水湖是南极大陆独有的神秘湖泊，它们就是东南极洲维多利亚地赖特谷中的范达湖和泰勒谷中的邦尼湖。这种湖的特点是，湖水上淡下咸。湖表面冻结着一层2~3米厚的冰，冰下湖水清澈，浮游生物极少，湖水含盐量随深度增加而增加，形成分层次现象，湖底水的含盐量往往可以高出海水的10倍；湖水温度亦随深度增加而升高，在全年平均气温零下20℃的环境中，湖底水温可高达25℃。

在其他大陆，这种表面结冰、湖底高温高盐的湖是非常罕见的。对于这种奇异的现象，科学家们到现在还不能做出合理的解释。他们提出种种假说，主要包括：火山或热泉活动；从局部基岩渗出的蒸发盐；风把附近的海盐吹来；来自下陷海盆的蒸发和浓缩；基岩和沙子的化学风化作用。

到目前为止，倾向最后一种说法的占大多数。根据许多无冰区冻裂的事实，水无疑是岩石风化或崩解的巨大动力。即使在南纬85°的地方，气温只有0℃时，太阳光也能把岩石表面晒到15℃，在岩石表面上，积雪很快可以融化，水滴进入附近的岩石裂缝。太阳落山后，进入裂缝的水就结成冰，体积膨胀，从而使岩石受到破坏。这样年复一年的物理风化作用，不仅使岩石受到破坏，而且使其中所含的矿物质分解，于是，大量盐分汇集于湖底，出现湖底高盐现象。至于湖底高温，据认为是太阳辐射的结果。在一般情况下，如果湖水升温则比重减小，于是必然升到湖面，散发掉热量。但在干谷中的这些湖中，湖底含盐极高，故受热升温后也不致产生上述的对流现象。另外，因湖水清澈透底，即使很弱的阳光透入湖底，也能使水温提高，从而形成如今湖底高温的现象。

对世界各大洲来说，河流就像动脉，但是在南极大陆，河流就显得有些不同。冬季，无处不是冰天雪地，没有流水的河流。到了夏季，冰雪融化的少量水流汇集成一些不入海的内陆水系，其中怀特岩的奥尼克斯河是南极大陆最大的河流，但其水深也不过膝，它是范达湖湖水的主要来源。只有在大陆周围的一些岛屿上，夏季融化的雪水往往汇集成短促的季节性溪流，然而一到冬季，它们就消失了。

南极大陆冰架

在南极，长年不化的冰雪组成了南极冰盖。由于固体冰具有可塑性，因此它们会向四周运动。当流动到大陆周围的海湾时，海湾一般风小浪小，海冰不易破碎，内陆冰就叠架在海冰之上，形成冰架，也叫陆缘冰。世界上最著名的冰架是西南极洲的罗斯冰架和威德尔海湾的菲尔希纳冰架。罗斯冰架面积约 54 万平方千米，有整个法国那么大，是当今世界上最大的一个浮动冰块，而这个冰架还在不断向外延伸。与罗斯冰架相对应的菲尔希纳冰架，面积约 40 万平方千米，厚度为 200～1000 米。据不完全统计，南极洲有大大小小的陆缘冰架约 300 个。

南极陆缘冰架对于南极考察有利有弊，弊多利少。陆缘冰架使船只不能靠岸，小艇和驳船卸运物资会因此受阻。特别是小的陆缘冰区，在南极夏季时，开始融化，冰层变脆变薄，从冰面上卸运物资是不可能的；从冰上卸运，又因冰的密度大，冰又厚，大船靠不了岸，小艇、驳船又进不去，往往是进退两难。然而，大的陆缘冰架终年不化，且宽大厚实，有些国家就充分利用它为南极考察服务。

例如，罗斯冰架的右侧有一个小岛叫罗斯岛，在这个岛上新西兰建立了斯科特站，美国建立了麦克默多站。美国在麦克默多站附近修建了一个能起落大型"LC—130 大力神"运输飞机的机场，飞机跑道直接建在罗斯冰架的冰面上。但是，机场的跑道必须年年维修和延长，否则由于冰架不断移动，机场将会离麦克默多站区越来越远。还有日本南极考察队的绝大部分物资都是从船上卸到陆缘冰架上，再从陆缘冰架上运输到昭和站，运输距离约 50 千米。大量物资直接卸到陆缘冰架上后，必须立即转运到内陆站，不然边缘冰层破裂，物资不是掉到海里，就是随冰块漂走。

一般来说，南极大陆的海岸的坡度都很陡。大陆冰从中心缓慢向四周运动而形成的山地冰川、陆缘冰和冰舌等，冰面上常常形成一道道冰裂缝。冰裂缝的宽窄、长短、深浅不尽相同，但几乎所有裂缝的两壁都是光滑的。在冰原上行走稍不小心，掉入裂缝中，即使不被摔得粉身碎骨，要想沿冰壁爬上来也是相当艰难的。此外，冰原上有些细小的裂缝，雪上车和人在它上面行走，虽不会发生大的危险，但它会因受冲击而塌陷，并发出嘎嘎的震耳欲聋的声响。更为可怕的是，伸向海洋中的陆缘冰架和冰舌，由于内陆冰不断地挤压，加上风浪的冲击，冰层会猛然断裂开来，导致可怕的冰崩。中国首次东南极考察队"极地"号船就遇到了连续 3 次巨大冰崩的威胁。

科学家们纵览各种考察资料并经过综合分析以后认为，在冰川的发展过程中，要求每年获得的雪量能补偿因蒸发、消融和被风吹失的雪量，即得到所谓的"亚正常冰川补给"，才能保持其原有的规模。目前世界上大部分冰川都因为融多于积而趋向退缩。比如挪威北部的林格恩峡湾地带的冰川，因为缺乏"正常补给"而入不敷出，原本伸入海中的陆缘冰和冰障、冰舌等这些庞然大物都已荡然无存了。与此相反，在南极，融化和蒸发现象极为微弱，虽然狂风在俄顷之间便可将冰盖上某处的积雪一扫而光，但因为冰原辽阔，加上阵风此伏彼起，雪飘无定，尤其是极地气温寒暖季相差无几，常年的酷寒，使冰雪几乎只积不融，这为冰川加固、增高和扩展提供了有利的条件。尽管冰盖入海前缘，络绎不绝地向大海输送一座座冰山，但沿海地带的陆缘冰、冰障和冰舌，由于有大陆冰盖作为强大后盾，源源不断地提供了"正常冰川补给"，始终保持着庞大的规模。

南冰洋

国际水文地理组织定义南冰洋为以南纬60°为界的经度360°内，包围南极洲的海洋，主要有罗斯海、别林斯高晋海、威德尔海、阿蒙森海，部分南美洲南端的德雷克海峡以及部分新西兰南部的斯克蒂亚海，面积2032万7千平方千米，海岸线长度为17968千米。海洋学家对此定义仍有不少异议，澳大利亚的地图将澳大利亚和新西兰以南的洋面都标注为南冰洋，而不是印度洋。

南极溯源

南极洲的形成

人类对南极的研究，还有一个重要的课题，就是南极洲究竟是怎样形成的呢？

1912年，德国气象学家和极地探险家阿尔弗雷德·魏格纳提出了"大陆漂移学说"。这个学说认为：地球上一块块分散的大陆，在远古时代是连在一起的。后来由于地壳的运动，古老的大陆裂开了，开始漂移，逐渐形成了今天地球上的大陆分布。

但是，这个学说却遭到了当时许多科学家的反对，他们还嘲笑这种观点是荒唐的。

到了1957—1958年国际地球物理年期间，科学家们揭示出一个重大的科学秘密：冰雪覆盖的南极洲曾经有过温暖的时期。同时，许多证据证明，南极洲曾与其他大陆相似，从而支持了当时争议非常大的大陆漂移学说。

根据大陆漂移学说，科学家这样解释今天的大陆分布的格局以及南极大陆的形成。大约在5亿年前，在地球赤道一带存在着3个大陆板块，大致相当现在的亚洲、欧洲和北美洲。其他大陆则分布在南半球，连成一个板块。过了1亿年左右，上述几个板块通过漂移和碰撞以及剧烈的地壳运动，又合并在一起，形成了一个空前巨大的"联合古陆"，也有称之为"超级大陆"的。后来，超级大陆逐渐一分为二，北面的叫劳亚大陆，南面的叫冈瓦纳大陆。在大约1.7亿年前的侏罗纪末期，冈瓦纳大陆分裂成东、西冈瓦纳大陆。东冈瓦纳大陆由南极洲、印度、新西兰和澳大利亚组成；西冈瓦纳大陆由南美洲和非洲组成。在大约1.15亿年前的晚侏罗纪或早白垩纪时期，西冈瓦纳大陆分裂成非洲和南美洲。在分裂过程中，非洲板块与欧洲板块相撞，形成了阿尔卑斯山；印度也在同一时期从东冈瓦纳大陆分离出来，向北漂移。

在0.5亿年前始新世，印度大陆撞进亚洲板块的下腹部，世界屋脊青藏高原以及喜马拉雅山脉就在此时形成了。并且喜马拉雅山脉在近百万年以来一直在继续上升，从而形成全球最高峰——珠穆朗玛峰。当两块海洋板块相撞时，板块嵌入地幔被高温熔化，又被高压迸出而成为海底火山，部分熔岩冒出海面形成岛弧。南极大陆周围的南设得兰群岛、南奥克尼群岛和南桑威奇群岛等组成的岛弧就是这样形成的。它们不仅多活火山，而且还与南美洲接近的南极洲海域的列岛在地质构造上大体一致。

也就在这个时期，澳大利亚与南极洲开始分离。到了0.39亿年前的渐新世，澳大利亚与南极洲最后分离，并且南极半岛与南美洲分离，形成现在的德雷克海峡。从此，南极大陆在地理上完全独立了，地球上基本形成了目前七大洲的雏形。但是，它们的地理位置仍然在不停地移动着，变化着，只是人们一时难以察觉而已。而漂移到极地的南极大陆，由于这里纬度高，终年得不到直射的太阳光，气温逐渐变低，造成降雪不融，积冰不化。随着岁月的流逝，世纪的更替，原来兴旺一时的生物销声匿迹，成了长眠在地下的化石，原来四季如春的境地也变成风雪肆虐、奇寒酷冷的冰库。

古化石的证据

为了证明冈瓦纳古陆的存在，科学家开始寻找支持这些说法的证据。多年来，科学家对冈瓦纳古陆的碎片，也就是非洲、南美洲、澳大利亚、南极洲等几块大陆，进行了大量的考察和研究，并且找到了许多证据，说明在地质历史上，这些大陆确实是连在一起的。

比如说，科学家在南极发现的舌羊齿植物化石，并且在其他几块大陆上，几乎都找到了同样的化石，而且分布得很有规律。这说明当时的冈瓦纳古陆，气候温暖湿润，到处生长着舌羊齿植物森林。

但是，单有舌羊齿植物化石这一项发现，还不足以说明大陆漂移学说，还不足以证明南极大陆就是冈瓦纳古陆的一部分。那些"大陆漂移说"的反对者认为，舌羊齿植物是靠孢子繁殖后代的。孢子又轻又小，它的传播完全可以不受大海大洋的限制。因为，风可以把小小的孢子，从非洲、澳大利亚等地方，吹送到遥远的南极；奔流不息的海流，同样可以把漂浮在水面上的孢子送到海洋的另一边去。

为了证明南极曾是冈瓦纳古陆的一部分，科学家们加大了对南极的研究，最终找到了新的证据。

1967 年，一支美国地质考察队爬上了彼尔德莫冰川西侧的一座尖削的山峰，四周一望无垠的白雪跟暗色的山岩，形成了鲜明的对照。一层层性质不同的岩石，水平状地堆积起来，有沙粒胶结起来的砂岩，有淤泥变成的页岩，颜色也各不相同。

经过一番努力，考察队在这个山峰陡崖上部的砂岩地层中找到了一些古老动物骨骼的碎片。但是，由于这些骨骼已经破碎得十分厉害，如果没有丰富的知识和经验，是根本无法辨别出它到底是什么。

无奈之下，考察队员只好把这些碎片送到美国纽约自然博物馆去。在那里，经过一位有名的古生物学家的研究和鉴定，确定它是一种生活在3亿年前的迷齿类动物的下颚骨。这类动物是世界上一切陆生兽类的祖先。

在生物进化史上，迷齿类动物有着十分重要的地位。在地球上，迷齿类动物出现以前，动物都生活水里，包括海洋和陆地上的淡水。而迷齿类动物是第一个离开了原来生活的淡水湖沼走上了陆地生活的动物。

水龙兽复原图

而在考察队在南极发现迷齿类动物化石之前，在离南极3000多千米以外的南非的地层中就已经发现了大量的迷齿类化石。那么，这种古动物能从南极大陆的腹地越过大洋游到南非去吗？要知道，迷齿类是一种只能在淡水中生活的动物，它们是不可能游过含盐相当高的海水的。另外，它的体形也不适于长距离游泳，更不可能在惊涛骇浪中横渡千里海洋到达南极。这无疑证明了"大陆漂移说"的正确性。

不久，也就是在1969年到1970年的夏天，一队古生物考察队又在彼尔德莫冰川附近的古河流的砾石层中找到新的化石。这些化石也不是很完整的，但是数量非常多。这种情况只有在南非的卡洛盆地才碰到过。

这是一种长相十分古怪的动物化石，它的外形像河马，但个子很小，还没有一只羊大。长圆形的脑袋上长着一双深陷的眼睛和一个高高突起的鼻子，嘴巴朝下，两根獠牙从上颚伸出，嘴巴里再也没有其他牙齿了。它可以水陆两栖，所以叫水龙兽。最令科学家感兴趣的是，这种水龙兽的化石，在南非和印度也都有。这也说明在2亿年前，南极还是冈瓦纳古陆的一部分，气候也并不是像今天这样冰封雪盖的样子，而是一个适合于动物生存的环境。

冰碛的证据

除了古生物化石，还有一种可以证明冈瓦纳古陆存在的证据，就是大陆上的岩层。地球上各种岩层就像一本巨大无比的书，记载着地球的沧桑历史。而岩层中埋藏的各种各样的化石，就是这本书中的文字。只要读懂它们，就能读懂岩层这本书。

但是，有时候地层中并没有化石，不过这也难不倒科学家，因为岩层本身也是一种"文字"。比如，在南极大陆的崇山峻岭中找到的冰碛，也为大陆漂移说提供了证据。

所谓冰碛，指的是冰川移动的时候，把挟带的岩石和泥土碎屑等堆积成的一种物质总称。巨大的冰川，沿着山谷或斜坡缓缓地流动，剥蚀着下面的和两侧的岩石和泥土，把它们掘出来统统带到冰体的内部，一起流动。这些挟带在冰体内的石块，彼此摩擦挤压，在岩块表面上刻出一条条深深的擦痕。等到后来，冰川消融，混在冰体中的杂七杂八的岩块、碎石、沙粒和泥土，一股脑儿地堆积下来。各种沉积物，杂乱无章地堆在一起，很难找到明显的层次，这就是冰碛的特征。

但是，冰碛中的岩块表面上的擦痕可以告诉人们，冰川从哪儿来，流向哪儿去。

1960年，一支地质考察队在南极横断山脉中段的一座山峰悬崖上，发现了冰碛。这里的冰碛有200多米厚，上面覆盖的砂岩和页岩中，含有舌羊齿植物的化石；冰碛的下面，是更古老的地层。本来，在南极发现冰碛并不值得奇怪，但是，在南极发现冰碛之前，人们早就在南非、澳大利亚等地方发现了同样的冰碛。经过测算，这些冰碛生成的年代和南极大陆上的冰碛一样古老，都是形成于距今3亿~2.7亿年之间。同时，这些冰碛分布很广，说明当时这些地方的冰川规模也很大。这也正说明，这些大陆在当时都是连在一起的，并且处在极地附近。所以，这块古大陆的大部分都被冰雪覆盖着，这也是这些地方的冰碛的由来。这也正符合大陆漂移说。

并且，在南非南部和澳大利亚南部发现冰碛的时候，科学家们发现这些冰碛上的擦痕很奇怪。因为如果按照这些擦痕来判断，这两块大陆上的冰川，都是来自南面的海洋。也就是说，冰川从海洋流向陆地。这确实难以费解。

但是，当南极发现冰碛，这些疑难问题就迎刃而解。原来当时南非南部和澳大利亚南部，都和南极连接着。南极大陆才是冰川的真正发源地。巨大的冰川从南极流向南非和澳大利亚，把冰碛遗留在这几块大陆上。冰碛上的擦痕，也正好说明了古老冰川从南向北的运动。

总的来说，无论是古生物化石的发现还是冰碛的证明，这都说明一个事实，就是冈瓦纳古陆确实是存在的。在距离现在 3 亿~2.7 亿年前，冈瓦纳古陆离南极比较近，大部分地区被巨大的冰雪覆盖着。后来，它又逐渐向北漂移，离开了极地，漂向赤道。气候转暖了，古陆上许多地方生长起茂密的舌羊齿植物的森林，并且还出现了迷齿类、水龙兽一类古动物。直到 2.2 亿~2 亿年前，冈瓦纳古陆分裂了。它的碎块逐渐漂移到了今天的位置上，形成了非洲、澳大利亚、南美洲、印度等等。南极洲也在这个时候形成了。

 知识点

化 石

化石，存留在岩石中的古生物遗体或遗迹，最常见的是骸骨和贝壳等。研究化石可以了解生物的演化并能帮助确定地层的年代。保存在地壳的岩石中的古动物或古植物的遗体或表明有遗体存在的证据都谓之化石。

南极气候

世界的寒极

南极是世界上最寒冷的地方。南极气候最突出的特点之一就是酷寒。1983 年 7 月 31 日，苏联人在海拔 3400 米，离南极大陆海岸和南极点的距离都是 1260 千米的东方站观测到世界上最低的气温记录——零下 89.2℃。要知道在这样低的气温下，从空中掉在地上的钢板就会被摔得粉碎，从空中倒下一杯滚开的水，落下来就变成了冰碴。所以，人们将南极洲称为世界寒极。

南极一年三百六十多天都处在严寒之中，不像世界的多数地区那样四季分明。根据南极气温的变化，南极气候仅分夏季和冬季两个季节。夏季从 11 月中旬至来年 3 月中旬，冬季从 4 月中旬至 10 月中旬。这种气候类型属于陆地冰气候。这种气候的特点是：不论是夏季还是冬季，气温都极为低寒，也就是说，一年之中是持续低温。所以，即便是在南极夏季，生活在那里的考察队员也要穿厚厚的衣服御寒。

在南极，夏季中最暖的月份是 1 月份，沿海地区月平均气温为 0℃左右，内陆高原地区在零下 32℃左右。冬季最冷的时候是 7 月，沿海地区月平均温度为零下 30℃左右，内陆高原地区为零下 72℃左右。南极全年平均气温的情况是：沿海地区年平均气温为零下 17℃，内陆高原地区年平均气温为零下 35℃，整个南极大陆年平均气温为零下 25℃。

南极之所以会这样寒冷，科学家归纳出 5 个原因：

（1）南极巨大的冰盖是地球上第一大"冷源"，终日散发着寒气，使空气迅速冷却。

（2）南极所处的纬度很高，太阳入射角很低，斜射的阳光热量很弱。地面吸收到的太阳辐射能量本来就很少，而白色冰盖又把吸收到的少量热能的绝大部分反射回空中，这是南极天气寒冷的一个主要因素。即使在夏季太阳 24 小时不落的白昼期间，由于夏季的天空云量很大，太阳辐射能量的大部分被云层反射回去。所以，夏季还是比较冷的。

（3）围绕着南极洲的南大洋的封冻海冰，有些常年不化，阻碍了海水同空气之间的热量交换，使南极四周的海面始终保持低温。

（4）南大洋洋面上，终年刮着强劲的西风，它包围了南极大陆，影响着来自北方的暖湿空气顺利地到达南极洲。

（5）南极的严寒也和它的高原海拔有关系。按照地面气温垂直递降的规律，海拔每升高 100 米，气温要降低 0.65℃。而在南极高原地区，海拔都有三四千米高，这也是造成南极低温的主要原因。

世界风极

南极以多暴风雪而著称于世，其风暴之频繁，风力之强大都为人们所惊叹。

1960 年 10 月 10 日下午，在日本昭和站进行科学考察的福岛博士，走出基地的食堂去喂狗，突然一阵风速 35 米/秒的暴风雪袭来，福岛博士就从此失了踪。直到 7 年后，1967 年 2 月 9 日，在距离昭和站的 4.2 千米处，人们才发现了他的尸体。猛烈的风暴将福岛博士卷走了那么远，而且由于气候干燥、寒冷，福岛博士的遗体成了一具完整的木乃伊。

在南极洲，暴风摧毁房屋、卷走飞机的事例也很多。1990 年 6 月，83 米/秒的飓风袭击了阿根廷的马兰比奥站，站上房屋大部分被摧毁。该次飓风共造成 3 人死亡，50 多人受伤，其他损失更是难以估量。

南极风暴之所以会这样频繁、强劲，主要因为南极大陆冰盖中心高原与四周沿岸地区之间是一个陡坡地形。内陆高原的空气遇冷收缩，密度增大，这种又冷又重的冷气流从冰盖高原沿着冰面陡坡向四周急剧下滑，到了沿海地带，地势骤然下降，使冷气流下滑速度加大，于是便形成了具有强大破坏力的下降风。再加上地球自转的影响，向北流动的气流总是向左偏转，于是在大陆沿海地带形成了偏东大风。通过多年气象观测证实，南极大陆沿海地带的风最大，风向偏东，平均风速为 17 ~ 18 米/秒。特别是东南极大陆沿岸，从恩德比地沿海到阿德利地沿岸，这一带海岸的风力最强，风速可达 40 ~ 50 米/秒，因此人们称之为风暴海岸。根据澳大利亚莫森站统计，每年 8 级以上大风日就有 300 天。法国的迪尔维尔站曾观测到风速达 100 米/秒的飓风，这相当于 12 级台风的 3 倍，这也是迄今为止世界上记录到的最大风速。

人们也因此将南极洲称为世界风极。

"天气制造厂"

我们的地球外层有一层厚厚的大气包围着。这是一种气体的海洋。它不停地运动着，变化着。

关注大气的一举一动，是气象台站工作人员的一项重要工作内容。他们力图捕捉它的变化规律，预告今后的天气。在这庞大的全球气象网中，南极的气象观测站占据着重要的地位。

地球上的大气运动十分复杂，受热的大气从赤道上升，流向南北半球，中途经过多少次上升、下沉、向西、向东，但是总的方向是不变的，就是从赤道流向两极，又从两极流向赤道，就这样永不停息地循环着。

太阳热能是驱动全球大气循环的主要力量。太阳从遥远的太空给人间送来了温暖和光明，但是地球上各部分受到太阳的热量是不均衡的。赤道地区几乎终年受到阳光的直射，接受热量多，温度很高。两极只有半年能受到太阳的斜射，另外半年不见阳光，接受的热量很少，温度很低。赤道和两极之间，温度相差可以达到100℃多！赤道上空的大气受热膨胀上升，向两极方向流去。热空气到了两极上空，遇冷收缩下沉，又向赤道的方向流去，补充赤道的上升气流。可以说，赤道和两极之间巨大的温差，就是大气环流的基本动力。没有这样的温差，就不能形成大气环流，也就没有形形色色的天气变化。所以，有人把南北两极称为地球的"天气制造厂"。

 知识点

平均气温

平均气温，指某一段时间内，各次观测的气温值的算术平均值。根据计算时间长短不同，可有某日平均气温、某月平均气温和某年平均气温等。

白色荒漠奇景
BAISE HUANGMO QIJING

　　极光照亮了冬季的天空。南极洲正在从冬天里苏醒过来。这是世界上最寒冷、风最大的地方。气温仍在可怕的零下五十摄氏度上下徘徊，刚刚回升的太阳光线几乎没有一丝丝暖意。几乎一切都覆盖在雪白的冰雪之下。

　　冰山是南极最美的景观之一。零星漂浮到浮冰区外的冰山已经足够吸人眼球。假如你行走在南极腹地，给人的感觉是不断地在蓝色苍穹下的白色大地上行进。天气晴好时，天蓝地白，格外分明，遇到风雪，能见度极差，天地就是白茫茫一片，分不出你我。漫长的极昼，让你能体会到太阳不落的场景，同样是漫长的极夜，瑰丽无比、变幻莫测的极光将天空变成了一个大舞台，当然只有美丽的极光是这个舞台的演员。

　　不要以为这个白色荒原一切都是冰雪的颜色，一切都覆盖在皑皑的冰雪之下。褐色或黑色的干谷，地面上满布着砾石，在这里没有一点点生机的迹象，仿佛生命的禁区。

南极的荒漠、干谷

特殊的"荒漠"

在地球上，干燥荒凉、寸草不生的荒漠大约占全球陆地面积的1/3。它包括砾石遍地的砾漠，也叫戈壁；沙丘绵延起伏的沙漠；高山高原上的寒漠。不管其名称如何，它们有一个共同的特点，就是少雨。

如果按照少雨这个作为标准来衡量，南极大陆大部分也应该算做荒漠———一种特殊的由冰雪构成的白色荒漠。

整个南极大陆的年平均降水量只有55毫米，而且越往内陆，降水越少。到了大陆内部，年平均降水量只有30毫米；极点附近只有5毫米。这样少的降水量在其他大陆，只有在最干燥的荒漠才会出现。

还有，科学家们之所以把南极高原叫做荒漠，还有一个原因就是因为它特别的"干燥"，这是指空气，而不是地面。按常理来说，南极上面冰雪堆积，缺什么也不会缺水的，无论如何也不会出现干燥的现象。但是，这种反常的情况出现了，南极的低温是造成这种情况的"罪魁祸首"。

我们通过气象学了解到，空气中的水蒸气在达到饱和状态时的含量是随着温度的降低而急剧减少的。实验也证明，1立方米的空气，在40℃的时候，要含51克水蒸气，才能达到饱和状态；到了0℃，含不到5克的水蒸气就达到了饱和状态；到零下40℃的时候，1立方米的空气中含0.1克的水蒸气就已经饱和了。可见，到了零下80℃，空气中的水汽简直少到微乎其微的地步了。这样干燥的空气，就是世界上最干燥的沙漠地区的空气也比不上它。

南极干谷

所谓南极干谷，实际上是一片贫瘠的区域，地面上散布着砾石。它拥有奇特美妙的地形，位于南极维多利亚陆地，这里几乎没有降雪，只有一些陡峭的岩石，它是南极洲惟一没有冰层的区域。这儿的地区看上去完全不像是地球，干谷底部有时存在着永久性冷冻湖，冰层有数米之厚。令人惊讶的是，在冰层之下盐度非常高的水中，竟然还生活着一些神秘的简单有机生命体。

南极干谷

在南极地区，著名的干谷有 3 个，它们位于该洲大陆部分的罗斯冰架以东和麦克默多湾上，分别被命名为泰勒、赖特和维多利亚干谷。

这些干谷边坡陡峭，呈 U 形，只是由于冰川的刻蚀而形成的。但现在冰川早已融化。干谷范围很大，呈褐色或黑色，无植物生长，故被形容为"赤裸的石沟"。

在南极洲大部分地区，冰层的平均厚度达到 3000 米。可是在干谷地区，却很少降雪，降雪量大约相当于 25 毫米的年降雨量。即使下雪，雪也被干燥的风吹走，或融化在周围吸收太阳热量的岩石之中。

在上面三个干谷中，每一个都有盐湖。最大的是万达湖。它有 60 多米深，湖面上有一层 4 米厚的冰层。因为湖面上的冰层阻止其热量发散开去，湖底水温较暖，达到 25 度。动植物能长时间地保存在干谷的干冷空气中。考察队员发现，在干谷里散布着被保存下来的海豹尸体，它们可能死于数百年，甚至数千年前。

知识点

荒 漠

荒漠，一个地理专用术语，指气候干燥、降水极少、蒸发强烈，植被缺乏、物理风化强烈、风力作用强劲、其蒸发量超过降水量数倍乃至数十倍的流沙、泥滩、戈壁分布的地区。

南极的冰雪

冰　盖

从遥远的太空俯瞰地球，就可以发现在一片蓝色的海洋之中，漂浮着一个白棉被似的近圆形的块块，它伸出一只弯曲的手指般的半岛，跟南美洲南端的尖角遥遥相对，这个地方就是南极。

之所以从太空看南极像一个白棉被，只因为它的表面覆盖了一层厚厚的冰盖。据统计，世界上的冰积面积约占地球表面积的 15%，其中的90% 左右以冰盖的形式分布在南北的极区，最大面积可达420 万平方千米，冰盖的总体积为 3100 万立方千米。若它们全部融化成水后流入海洋里，可使世界海洋的海面升高

南极冰盖

50 多米。同时，冰盖在南极的分布极不平衡，南极冰盖的体积占总冰盖的92% 以上，北极冰盖的体积只有 210 万立方千米。同是严寒的冬末季节，南极冰盖的面积却为北极的 2 倍。

由于厚厚的冰盖，使得南极大陆的平均高度在海拔 2300 米以上，比多山多高原的亚洲，还要高出 1000 多米，因此，南极大陆也成了世界上最高的大陆。

同时，厚厚的冰盖掩盖了南极大陆高低不平的本来面目，形成世界上最坦荡的高原。如果不仔细观察，不容易发觉它有什么大的起伏。用精密的测量仪器，才能把它的高低测量出来。高原中心高，四周低，最高点在大约南纬81°、东经75°一带，高度是 4200 米，冰盖从这里出发，向四周缓缓倾斜，只是到了沿海一带，地形才发生急剧的下降。

由于在南极盛行的狂风的作用，冰盖的表面相当粗糙。狂暴的风吹起沙子般的雪粒，又把它堆积起来，和风吹的方向相适应，形成一条条雪浪。在飞机上看去，雪浪犹如大海波涛，也像一片白色的沙漠。有的地方，风又把雪堆成山丘和各种美丽的地形，有的像深不可测的隧道，有的像峻峭的悬崖，有的像幻想中的宫殿。各种各样，美不胜收，成为南极一道壮丽的风景。

普若岗日冰芯钻探

另外，南极冰盖还有很高的科研价值。因为夏季水中含同位素氘和氧18较多些，冬季较少些。科学家通过垂直钻探取样，测定相邻冰层中同位素的变化，这样就测定出了不同深度的冰龄。此外，分析不同深层的氧18，可得一条随时间变化的温度曲线，从而可知当时的年平均气温和古气候变化规律。从取样中有时还可获得古代宇宙尘埃、陨石、花粉、土砂、生物等标本。因此，南极大冰盖又被人们称为巨大的天然资料库了。

冰的长城——冰障

当我们乘船从新西兰惠灵顿港出发，一直向南航行，驶过浩瀚的南极海域，穿过浮冰和冰山区，在你的眼前就会出现冰障。它壁立，像神话中的金甲力士用巨大的神斧，一斧劈开似的。

所谓"冰障"，就是漂浮在南极海湾中的大陆冰盖的边缘。它像一条冰的"长城"，突起于碧绿色的海面之上，洁白、整齐、高大，一眼望不到边。南极大陆沿岸，冰障有十几处之多，其中最大的是罗斯冰障。

罗斯冰障是由英国航海家罗斯发现的。1841年，罗斯第一次航行到南极的时候，就发现了它。这种场面使探险家们惊叹不止，称它为"我们星球上最壮丽的景象"，并且给它起了罗斯冰障这个名字。

罗斯冰障位于罗斯海的后部，东西长600多千米，平均高度30～40米，从罗斯海东岸一直延伸到罗斯海的西岸。

罗斯冰障的后面是罗斯冰架，它是世界上最大的冰的平原。面积有 50 万平方千米，几乎和整个西班牙国土面积相当。

构成罗斯冰架的冰有 200～300 米厚，冰架的后半部直接跟海底地面接触，它的前半部漂浮在罗斯海上。冰架不停地向前移动着，并且不时地裂开，进入大海，形成一座座巨大的冰山。南极海面上漂浮的大部分平顶的桌状冰山，就是这种冰架破裂后形成的。

在罗斯冰架的右侧有一个低矮的小岛，叫罗斯福岛。在那里，罗斯冰架一分为二，在两个分开的冰架之间围成一个深入内地的海湾——鲸湾，这是南极探险初期有名的登陆地点。

1911 年，阿蒙森就是在这里登陆的。20 世纪前半期，美国的南极探险队也曾多次在这里登陆，并且在冰架上建立起了小亚美利加基地。可是，冰架每年都在向前移动，把基地不断地带向海洋。这样，每次考察队来到以后，都要重新建立新的基地。所以在后来就将这个基地就废弃不用了。

跟罗斯冰架相对的地方，在南极大陆的另一侧，靠近南极半岛，还有一个巨大的冰架，叫做菲尔希内尔冰架。它和罗斯冰架一样，相当宽阔，面积仅次于罗斯冰架。

冰川与冰瀑

在冰封的南极大陆上，也有许多河流。这些河流和其他大陆的河流一样，大部分发源在山地。但是，这些河流又和其他大陆的河流有些不同，它们没有波涛，没有浪花，河床里不是流动的水，而是固体的冰。因此，人们并没有把它们称为河流，而是另外起了个名字，叫做"冰川"。

可以说，世界上任何地方

冰 川

也没有南极那么多、那么大的冰川。特别在南极横断山脉的中段，更是大冰川集中的地方。

南极横断山脉是世界上最雄伟的山脉之一。它全长 3200 多千米，从太平洋岸边开始，沿着罗斯海海岸逶迤向南，横穿南极大陆，直达大西洋岸边，把整个南极大陆一分两半。山脊上角峰峥嵘，耸入云霄，有许多山峰高出海面 3000～4000 千米，异常壮观。在南极横断山脉的背后，是广阔无边的南极冰盖，高度在 2000 米以上。它的前面，是海拔只有几十米的罗斯冰架。巨大的南极冰盖又厚又大，它本身巨大的压力，造成了冰盖的缓慢流动。缓缓移动的冰层，遇到这条高大山岭的阻挡，只好在山间夺路流出，形成了许多大型冰川。

在南极，彼尔德莫冰川是其中最大的冰川之一。它全长 160 多千米，宽度 16～30 多千米，最宽的地方和长江口的宽度差不多，上下游的高低悬殊，从 2000 多米下降到 60 多米。

在其他大陆，河流在落差大的地方，往往形成瀑布。冰川也不例外，它所形成的瀑布人们称之为冰瀑。实际上，这些冰瀑就是陡立的冰崖，有的高达 30 多米，就好像一座奔腾咆哮、直泻而下的瀑布突然之间冻结成了冰块，这又是南极的一大奇观。

冰 瀑

大冰川在流动中，还不断接纳一些汇入的小冰川，这就是冰川的"支流"。由于大小冰川的力量不一致，流动的速度不同，就在冰面上扯出一道道裂缝。这种冰裂缝，深的有几十米，有的表面上还覆盖着雪层。冰川上不断发出冰的断裂声，此起彼伏，动人心魄。在早期探险活动中，冰裂缝对探险队员的生命构成了极大地威胁，他们也因此把冰川称为"冰冻的地狱"。

但是，自从利用飞机这样的交通工具进行南极探险后，情况就不同了。

从高空上观察冰川，也成了一件十分有趣的事情。在高空中，人们低头向下看，就会看见一条奔腾欲动的蓝色的河流，在阳光下晶莹夺目。密密麻麻的冰裂缝，排列得十分整齐，就像河上的波涛。但是，冰川毕竟不是真正的河流，它没有奔腾的激流，只是静静地躺在那里，以你觉察不到的速度，缓慢地流动着。并且它流动速度之缓慢更是令人惊讶——据科学家们的测量，一年之间，冰川只能流动 100～1000 米。

南极冰山

南极的冰盖年复一年地向大陆边缘移动，并且在岸边崩裂，变成海洋中的壮观的冰山，漂浮在海中。它们有的像百里长堤，有的像巨型的船只，有的像水晶般的山峰，顺着海流的方向缓缓前进。

如果你有幸能够乘船驶入南纬60°，那么，你就有机会目睹南大洋漂浮的数以万计的冰山。南大洋上千姿百态的冰山多半是从陆缘冰边缘部分分裂出来的，有的冰山是从冰舌上分离出来的。冰山的形状除了平台形之外，还有桌形、塔形、梯形和月洞形等。有的又像漂泊在海面的一艘艘银白色巨舰；还有一些呈角锥形，像埃及的金字塔一样。那些缓缓

冰　山

漂去的冰山，熠熠闪光，气势非凡；那些悠悠荡漾的冰块，在阳光照耀下，与碧波粼粼的海水相映，更显得晶莹皎洁，宛如朵朵白云漫游在蔚蓝的天空。

因为冰山都是淡水冰，其比重为每立方厘米 0.91，低于海水的比重，所以，这些冰山露出水面的部分和沉入水下的部分之比，一般为 1/3～1/7。这些冰山漂浮在南大洋上，边漂流，边融化崩解。冰山可以顺着海流方向，漂到北方温暖的地方，最北可以漂到南纬30°左右，这里已经是南温带了。

最大的冰山要数平台冰山了。平台冰山的长度从几十米到数百千米不等，

高度从十几米到百米以上。美国在 1956 年观测到一座平台冰山，长 333 千米，宽 96 千米。由于南大洋上漂浮的冰山体积大，周围洋面气温低，因此，它们的寿命一般在 10～14 年。而北冰洋上的冰山的寿命一般为 2～4 年。无论数量上还是个头上，北冰洋的冰山比南大洋的冰山都逊色得多。

南大洋的冰山不仅影响着海域的自然环境，也给航行于极区的船只带来极大的危险。尤其在漆黑的夜里，或大风、大雾的天气里，如果船只来不及躲避冰山而相撞，那将酿成冰海沉舟、船毁人亡的悲剧。在航海技术发达的今天，船上有了先进的导航设备，在任何天气情况下都能够发现远处的冰山，可以及时改变航向，避开冰山。但在冰山林立的海域航行，也丝毫不能麻痹大意。

知识点

冰川分类

按冰川的地球物理分类，将冰川分为温冰川、亚极地冰川、极地冰川。按冰川的温度状况可以区分为冷冰川、冷温复合冰川和温冰川。按冰川发育的水热条件和冰川的物理特征将冰川划分为海洋性冰川、亚大陆性冰川和极大陆性冰川。还有按冰川的形态特征将冰川划分为大陆冰盖、冰原、冰帽、溢出冰川、山谷冰川、山岳冰川等。

南极的极昼与极夜

极昼和极夜

在日常生活中，人们都知道，每天日出日落，白天黑夜交替，24 小时为一天。一天中白天和黑夜的时间在变化，或白天长、黑夜短，或黑夜长、白天短，或白天黑夜相等。不管如何变化，在 24 小时的一天里，总会有白天和黑夜交替出现。

在南极，每天中的白天和黑夜的交替就不再完全符合人们所习惯的 24 小时一天的规律了。南极有极昼，也叫白夜，太阳永不落山，天空总是亮的；相反，老是见不到太阳，天空总是黑的，这是极夜。极昼和极夜长短的变化，随着纬度的升高而不同，越往南走，纬度越高，极昼和极夜的时间越长，到南纬90°——南极点，极昼和极夜交替出现的时间各为半年。

极　昼

这种十分特殊的自然现象只有在地球上的南极和北极才能出现。这种现象的形成是地球沿着倾斜地轴自转所造成的结果。由于地球自转时地轴与垂线成一个约23.5°的倾斜角，因而地球在围绕着太阳公转的轨道上，有6个月的时间，南极和北极的其中一个极总是朝向太阳，另一个极总是背向太阳。假如北极朝向太阳，这时北极点在半年时间之内，太阳升起而不落，始终在地平线上转圈子，没有黑夜，全是白天。这时与北极相对应的南极则是背向太阳，在南极点的半年时间之内，太阳始终躲在地平线以下，没有白天，全是黑夜。到了下一个半年里，刚好相反，南极朝向太阳，北极背向太阳，半年的时间之内，南极点全是白天，北极点全是黑夜。因此，在南极点和北极点

地球自转示意图

地球公转示意图

上，人们关于白天和黑夜的一般概念完全不适用了。这里白昼和黑夜的时间变化不是一天，而是整整一年。在南极点，一年的时间里只能见到一个白天，一个黑夜。当人们一步一步地离开南极点时，极昼或极夜的时间会随之缩短。假如到了南纬80°，极昼期间和极夜期间要进行交替的时候，有一段时间是每天有白天，也有黑夜；如果是极昼期间的末期，每天黑夜很短暂，然后短暂的黑夜时间越来越长，最后就变成了全是黑夜。反过来也是一样。一天当中有白天和黑夜交替的日数，离南极点越远就越多。而在南极圈——南纬66°33′的地方，一年之中有一个整天是全白天和一个整天是全黑天。

极 光

1831年3月，南极探险家约翰·比斯科生动地记载过他所见到的南极极光的瑰丽景色："当时，几乎整夜都是一幅南极光的美妙景象，时而像高耸在头顶上的美丽的圆柱，突然变成一幅拉开的帷幕，以后，又迅速卷成螺旋的条带。时而这条带仿佛就在我们的头上，总共不过几码高。当然，这一切都发生在近地面的大气层里。这在我见到的种种景象中，再没有比这更壮丽的了。"

所谓极光，指的是发生在极地上空的一种特有物理现象。在古罗马的神话中，极光被称为极地地区的神明。英文的"极光"一词，来源于拉丁文的极光，是罗马神话中黎明女神的名字。

极光，顾名思义，只能出现在两极地区，或者说，仅出现在高纬度地区。南极和北极都是观测研究极光的极好场所，而且南极的条件比北极更

极 光

优越。一般说来，极光只能出现在地理纬度为 60°以上、地磁纬度为 67°以上的 110 千米的高空。越接近极点处，看到极光的机会越多。

自古以来，人类就对艳丽而又神秘的极光产生了极大兴趣。早在公元前 32 年，中国对极光现象就有记录：极光出现的时间、地点、颜色、亮度、形状、大小、运动范围、出没方位等，几乎具备现代极光观测所要求的多种要素。不过人类最早知道的只是北极光。直到 1772—1775 年，英国探险家詹姆斯·库克率队首航南极见到南极光之后，人们才开始注意和观测研究南极光。凡是见过南极光的人，都对它的奇妙色彩和动人景象而惊叹不止。

人类对极光的真正科学研究是最近两三百年的事，而取得重大进展是在 1957—1958 年国际地球物理年期间，对南极光的观测研究也是在这之后才开始的。随着科学技术的迅猛发展，人们采用先进的仪器设备对南极光进行观测研究。在日本的昭和站、法国的迪尔维尔站、澳大利亚的戴维斯站和莫森站，都把南极光的观测研究作为主要项目。经过科学家们孜孜不倦地艰苦努力，逐步弄清了极光的成因、形状特征、亮度规律以及与太阳活动的关系。

极光的形成如同日常所见到的氖气灯管一样，灯管中稀薄的气体受到带电粒子的强烈碰撞而发光，而极光就是高空大气中的一种发光过程。具体地说，极光是太阳放射出大量的质子和电子等带电微粒，这些微粒以高速度射

进地球外围的高空大气层里，同大气层中的稀薄气体中的原子和分子进行剧烈地碰撞，而激发出来的光。

而地球本身就像一个巨大的吸铁石，它两端的磁极，也就是地球磁场的磁南极、磁北极分别在南、北极地区。当太阳放射出来的大量带电微粒射向地球时，受到地球南、北磁极的吸引，纷纷向南、北极地区涌入，所以，极光就集中出现于南、北极地区。

极光的颜色绚丽多彩，这是因为地球周围的大气中，含有氧、氮、氢、氖、氦、氙和氩等不同的气体分子。当带电微粒与不同的气体分子冲撞时，就发出不同颜色的光。如氖气受到冲击时就发出红颜色的光，氩发蓝光，氢发黄光，其他气体也是姹紫嫣红，各呈其色。科学家们发现，极光的颜色还取决于带电微粒的相互碰撞的空间高度和这些带电微粒的波长。

极光形体的亮度变化是很大的。当太阳表面剧烈骚动时，太阳黑子增多，太阳射向地球大气层中的带电微粒就增多，这时极光不但出现频繁，而极光的强弱，取决于太阳的强度和太阳风的强度与方向。

太阳黑子

对科学家而言，研究极光有着十分普遍的科学意义和实际应用方面的价值。科学家们通过研究极光的时空出现率，就能了解到形成极光的太阳粒子的起源以及这些粒子从太阳上形成，经过行星际空间、磁层、电离层，最终消失的过程。并能了解到在此过程期间，这些粒子在一路上受到电的和磁的、物理的和化学的、静力学的和动力学的各种各样的作用力的情况。因此，极光可以作为日地关系的指示器，可以作为太阳和地磁活动的一种电视图像，去探索太阳和磁层的奥秘。

极光还是一种宇宙现象，在其他磁性星体上也能见到。对极光等离子体的研究，能更好地理解太阳系的演变、进化，还可以研究极光作为日地物理关系链中的一环，对气候和气象的影响以及生物效应等等。

极光具有巨大的能量，可达几千电子伏特。历史上有记载的极光资料中，最惊人的一次极光出现在 1859 年。其感生电流十分强大，致使美国的电报员不用电池便把电报从波士顿发到了波兰。有时，一次极光的能量可超过北美的总发电能力。

极光划破了漆黑的极地夜空，给南极的科学考察站带来了光明，给寂寞的大陆带来的生机和美感。极光的形状千姿百态，运动的状态也是千变万化、多种多样。科学家们把极光按照形状特点分为 5 大类：①底部整齐、微微弯曲呈圆弧状的极光弧；②有弯扭褶，宛如飘带状的极光带；③如云朵一般片朵状的极光片；④面纱一样均匀的帷幕状的极光幔；⑤沿磁力线方向呈射线状的极光芒。这千姿百态、瞬息万变的极光，就像仙女在上下纵横成百上千千米的高空舞台上，手持赤橙黄绿青蓝紫的彩练当空起舞一般。它时隐时现，幻景无穷，与目睹者的心情融合为一体，勾画出一幅幅美丽的画面。

粒　子

粒子，能够以自由状态存在最小物质组分。最早发现的粒子是电子和质子，目前已发现的粒子累计超过几百种。需要说明的是，粒子并不是像中子、质子等实际存在的具体的物质，而是它们的统称，是一种模型理念。

南极的阳光

日出和日落

日出和日落与地球的公转和自转有关。地球绕太阳公转的轨道平面与地球赤道平面的夹角为 $23°27'$。在北半球的冬至这一天，相当于南半球的夏至，太阳直射南纬 $23°27'$。在南纬 $66°33'$ 以南，直到南极点的区域内，太阳终日不落，这就是南极区域的白昼。冬至以后，太阳直射点逐渐向北移动，南极区域自北向南逐渐出现日出和日落现象。

日出，常为人们喜爱和赞颂。而在南极区域的日出则更别具一番情趣。

南极日出

每年 2 月份的时候，凌晨 4 点多一点，在东方就会出现晨曦，并渐渐地有红光升起。5～6 分钟过后，太阳边缘出现淡青色的光环。接着，太阳的 1/4 部分露出海平面，天空的红色逐渐变深，太阳的四周，镶有一圈黄光。又 4 分钟过后，太阳跃于海平面之上，黄光周围又增加了一圈血红色的光环，再向外，便是黑洞洞的天空。其后，随着朝阳的冉冉升起，其周围的黄色逐渐变白。天空也由暗变明，于是新的一天开始了。

日落，也曾是人们所喜爱的自然景观之一，而南极地区的日落更是使人迷恋，尤其是夕阳坠入海平面时先后出现的奇妙变化。

在南极区域，当夕阳接近地平线时，原来呈白色的火球逐渐变为淡黄色，紧靠太阳的四周是一个紫红色的圆环，紫环之外，天空和海面都是黑洞洞的。极目远望，夕阳就像黑夜冰海中的一盏航标灯。随着它的坠落，紫红色的圆环慢慢变小，直至夕阳只残留一半在海平面以上时，整个天空与海面则变得更暗，似乎黑夜马上就要降临。然而，随着夕阳继续下降，天空却奇迹般地、迅速地亮了起来。当夕阳坠入海平面约 3/4 时，一片血红色的天空展现在面前，海面上的漆黑色也逐渐向紫色过渡，尤其是在夕阳照射的扇形区域中，已与天空的血红色浑然一体。此时，仿佛黑夜即将过去。接着，海平面上仅仅残留一块淡黄色的扁平火团，发射出一束淡红色的光柱，天空迅速地由红色变为淡红色，海面上放射出一层淡红色的光泽，宛如黎明即将来临。

南极区域的日出、日落景象都与世界的其他地方有所不同，这也是南极非常奇特、令人向往的自然景观之一。人们不仅向往其壮观的美景，更向往探索其中的奥秘。

蜃景和幻日

蜃景和幻日是南极的自然奇观之一。

在南极区域，天空还时常出现蜃景和幻日的奇观。沙漠以及海洋中的海市蜃楼是人们熟悉的，但在极地冰雪世界中，则是另一番风景。

"海市蜃楼"常见于气温较高的季节，尤其是夏季，常发生在沙漠和海洋上空。在极地冰雪世界中，同样也会出现虚无缥缈、宛如仙境的蜃景。它是一种物理现象，是实物发出的光线，经过密度不同的大气层发生折射之后形成的一种虚像，也是低空的冷空气和高空的暖湿空气相互作用的结果。

极地上空蜃景的形成过程是：由于南极冰川近表面的空气温度低，密度较大，而离冰川表面较高地方的空气温度较高，密度较小。这样，空气上下层密度差异显著，当来自实物的光线穿过密度较大的空气，遇到上层密度较小的空气时，不能照原来的路线和方向穿过，便发生折射，形成抛物线形状的弯曲，两层空气便起到透镜的作用而使光线聚焦，从而像望远镜一样将远处的景物"拉"近到人们的视线之内，于是在实物前方上空就会出现原物的虚像，形成"海市蜃楼"的奇景。

"海市蜃楼"只能在无风或风力微弱的天气条件下出现。因为大风一起，引起上下层空气的搅动，上下层空气密度的差异减小了，光线不能进行明显地折射，所见的"海市蜃楼"就会立即消逝。

只是蜃景是可望而不可即的，当你逐渐向它靠近，以为可以进入那美妙的世界时，一切又悄然消失了。

极地的大气中充满了无数的冰晶体，它们像水晶一样，将阳光四处散

幻 日

射开来，形成环绕太阳的美丽光环，这种现象称为日晕。有时在日晕两侧的对称点上，冰晶体反射的阳光尤其明亮。如果出现并列的太阳，光华四射，耀人眼目，这就是奇妙的幻日了。

海市蜃楼

海市蜃楼，一种因光的折射而形成的自然现象。它也简称蜃景，是地球上物体反射的光经大气折射而形成的虚像。

酷寒中的生物
KUHANZHONG DE SHENGWU

南极是地球上唯一一个至今没有人居住的大陆，因为这个地方常年温度在零下60℃到零下80℃，经常有风力高达12级的暴风雪在这片大陆上肆虐。尽管如此，有一些顽强的动物们却选择了这片荒凉的大陆世代生存。

猛烈的寒风中帝企鹅站在冰封的海面上，它们感受到了南极地区暴风雪强大的威力。只有相互挤在一起，它们才能度过冬季寒风刺骨的几个月。它们轮流去抵挡猛烈的寒风。冰层下生活着一种海豹——韦德尔海豹，它们甚至整个冬天都生活在这里。还有小小的无法计数的磷虾。

夏天，小鳁鲸来到这些宁静的水域。它们是南大洋最为常见的鲸类。小鳁鲸是所有须鲸类中身材最为矮小的一种。与所有其他同类一样，它们也是到这里来觅食的。豹形海豹是生活在南极地区的北极熊。它们是捕猎能手。不过它们多半的成功都是在水下获得的，所以一般来说，它们的猎物如果在冰面就没有那么危险了。从闲散优雅的外表根本看不出它们凶残的本性。

在南极看到最多的是贼鸥，它们身体肥硕，但翅膀展开有身体长度的好几倍，飞起来一点也不费力。雪海燕是南极纯粹的土著居民，它们终生生活在南极大陆。直到南极内陆冰盖深处，全身雪白的海燕在天空中飞翔，茫茫的白色冰盖，蓝色的天穹，衬托着雪海燕格外美丽。

南极的微生物与藻

抗高盐和寿命长的微生物

南极大陆的绿洲上有些湖泊是含盐量很高的湖，称为盐湖，如维多利亚地的东安湖的含盐量相当高，是海水的 12 倍。但是就在这个湖泊里，科学家发现了 3 种细菌，生活良好，经仔细观察发现，它们的细胞结构很特殊，能忍耐高盐。

此外，科学考察工作者在美国的麦克默多站附近的干绿洲进行钻探、取岩芯进行研究时，意外地发现了一种细菌。这种细菌是在 138 米的岩芯中发现的，经培养发现，这是一个新种，生活在地下古代的沉积岩中，它的寿命已有 10000 年。这一发现对了解南极大陆生命的起源提供了新的启示。

抗低温和高温的轮虫

轮虫是生活在南极淡水湖泊中的一类微型无脊椎动物，属甲壳纲枝角类。1910 年，默里首次在南极的罗斯岛发现了它。

轮虫的成虫在休眠期能忍耐长达数月的冰冻、解冻的季节交替，并能忍受 −40℃ 的低温。有一种轮虫在 −78℃ 的极度低温下仍能生活数小时。还有

一种轮虫能在 100℃ 的高温下生活几小时，然后将其放在一般温度的淡水中仍能继续生活下去。

由于轮虫类生物具有适应广温的能力，从 −40℃ ~ 100℃ 都能生存，因此，它们在南极广泛分布，从极端寒冷的内陆湖泊到沿海的溪流，甚至在活火山附近的高温湖泊中，都有它们的踪迹。

显微镜下的轮虫

并非无菌世界

南极并不像人们所说是一个"无菌的世界",它也是有菌的。中国南大洋考察队首次在南极取得各类菌种,充分证明了这一点。

南大洋考察队在进入南大洋考察后,取得了 226 份样品,这些样品在 4℃~14℃的不同条件下,已培养出菌株,分离出大量菌落。这些菌落中有异样的细菌、酵母菌和丝状真菌(霉菌)。

南大洋考察队的科研人员,用无菌的采水器,分别在海水表层 10 米、25米、50 米、100 米及海底沉积物中取样后,拿到实验室过滤,然后繁殖培养出菌落。分析数据表明,25 米以上的海水层中,平均 1 毫升海水中含 10 个异样菌,而 50~400 米的海水中,只有 1~2 个异样菌,为黄海、渤海的每毫升含量的 1%,差两个数量级,海底的沉积物基本上无菌。乔治岛上的淡水含菌数量较多,这是企鹅、海豹等动物排泄物造成的。土壤中的细菌很少。

这也就说明,南极是一个有细菌的世界,在大气层中,在海水中,也有很少的致病菌。并且,南极的菌类,是南极海洋生态系中物质循环中必不可少的环节。

南极的重要植物——冰藻

冰藻在南极的固定冰区和浮冰区广泛存在,它是南极海洋初级生产力的重要承担者之一,甚至有时会成为初级生产力的主要因素。冰藻的生物量相当高,是海水浮游植物生物量的 10~20 倍,曾有人测得冰藻的最高数量为每升海冰含 3700 万个冰藻细胞。

冰藻依赖阳光进行光合作用,制造有机物,贮藏在细胞内,以此自养和供养其他生物。冰藻的营养十分丰富,据估计,100 克硅藻细胞有机物可以产生 2156 焦耳热量,比巧克力产生的热量还要高。冰下取样和潜水观察发现,海冰下经常有桡足类和端足类浮游动物的聚集,它们可能是摄食从冰藻层中掉下来的冰藻。此外,海冰下也常有鱼类和其他动物出没,可能是为了栖息和捕食那里的浮游生物。

海洋浮游植物是南极海洋食物链的最初一环,而冰藻又是这最初一环的"种子"。当南极的冬季来临时,冰藻进入海冰,像种子一样,贮存在海冰中,

南极的藻类

安然无恙地度过漫长而昏暗的寒冬。夏季海冰融化时，将其释放出来，播种到海水中去。冰藻一进入海水就像出笼的鸟一样，逍遥自在，分外活跃。它充分利用短暂夏季的明媚阳光和海水的丰富营养，迅速生长、繁殖，顿时使碧蓝的大海变成绿棕色，从而招来了磷虾等摄食冰藻的浮游动物，同时，也招来许多捕食浮游动物的海鸟和海豹等大型动物。于是，一个庞大的浮冰区的食物链便由此产生。冰藻在南极海洋生态系中是冰区浮游动物的重要营养来源，是食物链中基础的一环。

冰藻对紫外线辐射有较强的自卫能力。近年来发现，南极上空出现臭氧亏缺现象，甚至出现臭氧洞。这对南极的生物极为不利，除严重影响地面生物外，对海洋生物也是一个威胁，因为紫外线可以穿透海水10～30米。已有研究结果表明，臭氧洞能使海洋浮游植物的生产力降低3/4。强烈的紫外线还会影响生物细胞内的遗传物质，使染色体、脱氧核糖核酸和核糖核酸发生畸变，严重时会导致生物的遗传病和产生突变体。然而，冰藻却对紫外线有吸收和屏蔽作用。因为冰藻能吸收波长为270纳米和330纳米的紫外线，这一功能十分重要，它不仅能够自卫，免于自身被伤害，而且能使强烈的紫外线不透入海水，从而保护了冰下海水中的海洋生物。

冰藻的发现与种类

早期南极探险的人们，曾在南极洲周围的海冰中观察到棕色的海冰层。这些有色层多半分布在海冰的底层，尤其是在船只弄碎的海冰上，更容易看到。当时的记载，把这些棕色层误认为是冻结在海冰上的棕色泥沙。后来，人们对此产生了怀疑，这些泥沙是哪里来的呢？在远离大陆的海洋上，显然不可能由风吹来这么多的泥沙。在几十米、几百米，甚至上千米深的海水上层的海冰，更不可能冻结上海底的泥沙。那么，这些棕色海冰层究竟意味着什么呢？这个谜一直持续若干年，无人揭晓。

19世纪末，航海家才开始采集海冰棕色层的样品，经生物学家鉴定，发现是海洋微型植物，不是泥沙，但没有引起人们的注意，也没有进行深入的研究。直至1963年，澳大利亚海洋生物学家邦特和伍兹才揭开了这个谜，真正回答了这个多年来未解的问题。他们在美国的麦克默多站附近海域，发现海冰中有一层不易透光层，经打钻、取冰芯样分析，首次分离和鉴定出大量海洋浮游植物，主要是硅藻，并把它称为冰藻。从此，南极海冰中的冰藻引起了人们的注意，许多国家的南极站都相继开展了冰藻的研究。

南极冰藻是一个庞大的生物区系，迄今为止，已从南极的海冰中分离出90多种冰藻，它们隶属于硅藻、金藻、甲藻和绿鞭毛藻4大类群，其中硅藻在种类组成和数量上都占绝对优势，是冰藻的优势种。

从种类组成上看，几乎所有海洋浮游植物，都可能有机会进入冰层，成为冰藻。从生态习性上看，冰藻可分为2个类型，一是附着性冰藻，二是浮游性冰藻。令人感兴趣的是，有些硅藻在海水中过的是浮游生活，属于浮游性冰藻，但进入冰层之后，在形态上和生活习性上都发生了某种程度的变化。如有的硅藻在海水中是以单个细胞的方式生活，而进入冰层之后，则由多个细胞黏结在一起，形成长链状的小群体，这样便于进行附着性生活。这是硅藻进入冰层后的适应性表现。

冰藻在海冰中的分布极不均匀，具有明显的成层现象，人们把生长冰藻的海冰层称为有色海冰层或冰藻层。这些冰藻层多为棕色，厚度为5～25厘米。冰藻层的颜色和厚度随季节和地点变化有所不同。迄

硅 藻

今为止，人们在南极海域的海冰中已发现了3种类型的冰藻层。

第一种类型是冰藻层在海冰的上层，雪层的下层，厚度约为5～10厘米。

这种类型多出现于多年生的老冰上，很少在当年形成的海冰中发现。这类冰藻层距离冰下的海水较远，冰藻的增殖受到一定限制，寿命不太长，在海洋生态系中的意义不大。虽然发现较早，但没有进行深入的研究。

第二种类型是冰藻层在海冰的底层，在海水与海冰交接的界面上，厚度为5～25厘米。这一类型多发生在当年形成的新海冰中，有时也见于多年形成的老冰中。该类型冰藻层的存在较为普遍，在海洋生态系中占有重要地位，因此，得到人们的广泛注意和研究。冰藻的生态学、生理学、生产力和冰藻层形成机制的研究主要以这一类型为对象。中国的科学工作者对这一类型作过较为深入地研究，取得了一些可喜的结果。

第三种类型是两层冰藻层，一层在海冰的底层，另一层在海冰的上层。这一类型可以看作第一和第二类型的综合，具有上述两种类型的特点。

冰藻的形成与生活

冰藻来源于海水，是海水中的浮游植物进入冰层的结果。海水中的浮游植物进入海冰是通过两个过程：物理学过程和生物学过程，有时是这两个过程综合作用的结果。

当南极的冬季来临时，海水开始结冰，海水中的浮游植物通过海水的波动和冻结的物理学过程，被动地、随波逐流地卷入海冰，被冻结在海冰中。甚至深层海水中的浮游植物也会附着在刚形成的冰晶上，并随之上升到近表层，被冻结在海冰中。许多研究都曾报道，在海冰的形成过程中，除表层海水迅速冰结，将海水中的浮游植物冻入海冰之外，还观察到冰晶在较深层海水中形成并上升的现象，同时也观察到在这些冰晶上附着有微型浮游植物。这些冰晶上升到一定程度便冻入冰层，因此附着于其上的微型浮游植物也就随之进入海冰了。这些都是浮游植物通过物理学过程进入海冰层的直接证据。

海水中的浮游植物通过生物学过程进入海冰层主要依赖于海洋浮游植物的趋光性。当海水结冰时，海冰之下海水的透明度降低，特别是海冰表层有积雪覆盖时，海水透明度的降低更为显著。此时，较深层海水中的浮游植物便主动地向透明度较高的表层海水移动。当接近表层时，很容易通过物理过程被卷入海冰层。这样，浮游植物进入冰层的生物学过程又通过物理学过程起了作用。

　　海冰介于大气和海水之间，借助于毛细管的作用，使海冰上下沟通，上通大气，下通海水。这样，海冰具有了冰、水的双重性质，这是冰藻能在海冰中较长期生活的重要条件之一。

　　海冰的分析结果表明，冰藻生长发育所必需的环境条件，如光照、温度、盐度、营养盐和酸碱度等，海冰的冰藻层全都具备，而且海冰的稳定度比海水更优越。虽然，海冰中的某些生态条件如光照、营养盐和盐度等，有时会比海水低，但冰藻进入冰层之后，会产生一定的适应能力，适者存，不适者则亡，所以发生了变化。冰藻的种类与海水中的浮游植物种类不尽相同，就是这个道理。

　　冰藻生长的海冰层是一个特殊的生态环境，它既不同于海水，也不同于一般的海冰，它是一个海水—冰雪—冰藻，或海水—海冰—冰藻共存的复合体系，三者的相互作用决定着冰藻的命运。

耐黑暗的淡水藻

　　一般来说，阳光是绿色植物生存的必需条件，这是因为绿色植物需在阳光下进行光合作用，把二氧化碳和水化合成有机物，进行自养。如果长时间不见光，植物就会因饥饿而死亡。然而，在南极的湖泊中却发现了 2 种能在黑暗中生活的藻类，一种是湖藻，另一种是蓝藻的近亲种。

湖 藻

　　湖藻是首先在南极的维多利亚地的米埃雷斯湖中发现的，它能度过 4 个月之久的南极之夜。这种藻有一种特殊本领，在有阳光时，它能抓紧时机，充分利用阳光的能量，进行光合作用，制造有机物，边制造，边向外分泌。当极夜来临时，它就停止进行光合作用，靠吸收它分泌到水中的有机物维持生命，进行异养生长。这种现象在高纬度的邦纳湖（南纬 77°45′、东经 16°20′~16°30′）和较低纬度的西格

霍尔湖

尼岛的湖泊中皆有发现。这种藻向体外分泌或释放有机物的量相当高，占总光合作用合成碳的20%～25%，它将这些有机物贮存在所生活的水环境中，待到黑暗时，重新利用，维持生长。

蓝藻的近亲种或变种，是美国科学家于1978年在麦克默多站附近的佛里克赛尔湖和霍尔湖中发现的，它能忍耐8个月的极夜。这种藻生长在常年被冰雪覆盖的湖水底部，像地毯一样铺展在海底，约有4～5厘米厚，呈橘红色。这种藻对弱光有很强的适应能力，只需水面1/1000的光强穿透到湖底，它就能够进行光合作用。这种藻的橘红色就是在昏暗环境中对弱光波长的一种适应能力。

能变色的蓝绿藻

南极大陆的邦纳湖底生长着繁茂的蓝绿藻，厚达几厘米，生长期达数年。当光线不足时，藻体呈现粉红色，这种色彩艳丽的粉红色是藻红朊———一种光合作用辅助色素，它吸收绿光的效率比叶绿素还高。当光线不足时，它可以增强藻类进行光合作用的能力；当光线十分强烈时，藻体又呈现橙色，这是由于叶红素沉积的结果。叶红素的大量出现起着保护叶绿素的作用，使其免受强光的抑制和伤害，藻体可以利用叶绿素进行光合作用。

蓝绿藻能随着季节的变化

蓝藻

和光线强弱的变化改变它们的颜色。当光线减弱时，它们呈绿色，叶绿素的含量高；当光线增强时，绿色变成红色，红色素（可能是类叶红素）的含量增高。所以，在南极大陆冰和多年生的海冰之上的冰雪层中，常常可以看到红色或绿色的冰雪藻，这是由于蓝绿藻生长的结果。科学家们对长有红色或绿色的冰雪藻的雪的温度进行测量时发现，有红色藻生长的雪，其温度为2℃～3℃，而在同一地点，甚至同一堆雪中，有绿色素生长的雪，其温度为1℃。这也就证明，红色素有利于吸收更多的热能，以提高雪的温度，或有助于雪的保暖作用，而绿色素缺乏这种作用。

冰雪藻借助于红绿颜色的变换，调节其周围冰雪环境的温度，从而为自己创造更适宜的生存条件，这也是一种适应性。

 知识点

藻　类

藻类是原生生物界一类真核生物（有些也为原核生物，如蓝藻门的藻类）。主要水生，无维管束，能进行光合作用。体型大小各异，小至长1微米的单细胞的鞭毛藻，大至长达60米的大型褐藻。一些权威专家继续将藻类归入植物或植物样生物，但藻类没有真正的根、茎、叶，也没有维管束。这点与苔藓植物相同。

南极的海洋生物

磷虾也叫南极虾。日本人管它叫"海酱虾"；挪威称它"克里尔"，因为眼睛特别黑，又叫"黑眼虾"。磷虾是一种很小的海虾，体长只有5～6厘米，体重只有1克左右，样子和我们常见的河虾没有多大差别。磷虾的头部和整个胸部被头胸甲包裹着，露在头胸甲下面的是指状足鳃，用来进行呼吸。磷虾的头部有两对触角鞭，非常威武漂亮。黑色圆球是它的眼睛，眼柄上有1对发光器，在第二和第七胸肢基部也各有1对发光器。发光器呈球形，中央具有发光细胞，前面有一晶体，后面有半球形的反射器，外表有一色素层，表面护有外胚层的细胞和甲壳质表皮，后面有起光圈作用的细胞层，外面环以神经末梢纤维束，连于发光体和晶体之间，一经外界刺激便闪闪发光。所以叫磷虾。每当夜晚，尤其在受惊后急速逃遁时，磷虾能散发出粉红色的磷光，蔚为奇观。

磷虾目有11属，近90种，其中许多种类数量极大，且分布范围较广。

磷　虾

南极磷虾有8种，其中数量最大的叫南极大磷虾，通常称它磷虾或南极磷虾。它的体长是磷虾中最大者，成虾45～60毫米，最大可达90毫米。

磷虾大都成群结队浮游于海面，一般分布在深20～40米的水层中，也有深60～80米或近百米的水层中。虾群厚度一般为20～30米，有的可达40米；长度约几百米。一次，科考队员考察时竟发现一个大虾群，长达4000米，真是意外收获。磷虾由于密度大，它们浮游到上层水，可使大片的海洋呈红褐色，因此，南大洋有"红色海洋"之称。

南极磷虾分布在"南极辐合带"，特别是南纬的60°以南近极海域，尤以威德尔海一带寒冷水域更为密集。这里有丰富的营养物质，受到阳光照射，微生物大量孳生，成为磷虾的充足稳定的食物。

磷虾绝大多数生活在50米以浅的表层，但是，磷虾卵的孵化却是在下沉（一二千米还可能更深一些）过程中进行的。具体地说，磷虾产卵后，其卵就开始往下沉，边下沉边孵化。下沉的速度很快，每天下沉约141～320米。三五天后可下沉到一二千米的深度，这时孵化也结束了。孵化后又边变态发育，边向上缓慢移动，当到达100米水层时，已成为能够直接主动摄食的幼虾了。下沉到上升的全部时间为3～4周。

对磷虾这一奇特的习性，科学家认为，这对磷虾种群的繁衍和保持在适合的生活区域分布有重大意义。因为磷虾（包括幼体）的天敌主要活动在表层，磷虾的受精卵如不迅速下沉，将成为许多动物的饵料。刚孵化出来的磷虾幼体身体最脆弱，在此期间到深层去避一避，对种群的优质是有利的。不过，在深层待久了也不行，那里暗无天日，缺少食物，刚孵化出来的磷虾幼体，尚有卵黄可以维持生命，所以必须赶紧上升。到了表层，已经发育到蚤状幼体，卵黄消失，消化道已形成，开始主动摄食，那就不会因缺乏食物而饿死了。

另一个重要的原因是，磷虾群体生活在表层水中，由于南极海洋中的表层水是不断向北扩展的，这就有可能将磷虾带出它的分布区。而深层的暖水是由北向南扩展的，磷虾的幼体有一段时间在深层度过，这有助于磷虾种群保持在适宜它生长的南大洋。

南极磷虾喜欢集体行动，不喜欢独来独往、自由散漫。在一个海区，无论有多少磷虾，都集合成一个大群体。而且队伍整齐，年龄一致，其他的浮游动物休想混进来，不是同一个年龄的磷虾也不得加入。它们在行动上保持高度一致，专家们认为这可能是同一批卵同时孵化所致。在集合成一个群体时，雌雄比例大致为1:1，但在交配后雌雄比就变成3:1。这可能是因为雄虾要比雌虾死亡早，或者交配后的雌雄虾生态习性不同所致。

磷虾的成体适宜在较高温和低盐的水域中生活。它的适温范围仅在0.64℃~1.32℃，它的适盐范围在33.73~33.86；次成体生活在表层低温、高盐的水体中，它的适温范围在 -1.09℃~0.21℃，适盐范围34.22~34.38；幼体和孵化卵则出现在表层高温(1.50℃~2.12℃)、低盐(33.92~33.99)水体以深的次表层和深层水中。成体磷虾的适应范围似乎应该广一些，但是，如果温度大于1.80℃，就可能给它带来致命的危险。

磷虾之所以应变能力差，是长期的稳定的环境造成的。南大洋的水温终年是低温，盐度也无大变化，没有江河流入等其他因素干扰，因而磷虾变得娇嫩起来，环境略有变动就不能适应，这对它的生存是不利的。

磷虾雌雄异体，成体雌虾略大于雄虾。在交配时，其情况同对虾相似。即雄虾将一对精荚留在雌虾的储精囊内，一旦雌虾卵子成熟便开始受精。受精卵排出后边下沉，边孵化；孵化后，边变态发育，边上升，成为原蚤状幼体。所谓变态发育，就是卵孵化后先后形成无节幼体、后期无节幼体、原蚤状幼体、蚤状幼体，直到仔虾。

南极磷虾产卵时间是每年南极夏季的11月到翌年的4月，但绝大部分磷虾集中在 1 月下旬到 3 月下旬这段时间内产卵。

磷虾卵的直径 0.7 毫米左右。一龄幼虾体长 20～30 毫米,体重 0.6～0.7 克,两年后就长到 45～60 毫米,体重 0.7～1.5 克,即为成体磷虾了。磷虾体重每天平均增长率为 0.141～1.340 毫克。

磷 虾

磷虾的生殖能力很强,怀卵量为 2100～14086 颗。生殖力强是保存种族的需要,因为,在那种恶劣的海洋环境中,在那强大而众多的天敌面前,每天有大量磷虾被吞食。如不提高生殖能力,磷虾恐怕早就灭种了。

别看磷虾这么小,在南极海区,它占据着非常重要的地位。因为"海上牧场"的"牧草"——硅藻尽管很丰富,但是鲸和海豹不能直接吃它。只有磷虾吃了硅藻养肥自己,才能为鲸、海豹等大型动物提供食物。虾群的后面,往往跟着贪馋的须鲸,它们欢快地追逐着虾群,张开大嘴吞食。有人估计,一头蓝鲸每天至少要消耗一吨磷虾才能维持生命。因此,人们给南极磷虾送了一个外号:"南极生物大厦的基石。"

磷虾具有重要的经济价值和商业性开发的巨大诱惑力。磷虾体内含有丰富的蛋白质和维生素,营养价值远远高出牛肉和一般的鱼类。有的国家,把捕捞的磷虾做成油炸虾拿到市场上去出售,味道很鲜美,受到消费者的欢迎。目前,世界上已有 20 多个国家正在研究如何利用磷虾作为人类食品的问题。此外,磷虾在工业和医疗卫生方面也有用途。它能治疗溃疡病和动脉硬化症,并可促进人体组织的再生功能。

南极的海豹

海豹属于鳍脚目哺乳动物,躯体呈流线型,皮毛短而光滑,抗风御寒力强。它既可以在水中生活,又可以登陆栖息,以海洋生物为食。它善于游泳,长于潜水。其游泳速度为每小时 20～30 千米，最高达 37 千米；潜水时间一般为 5～10 分钟，最长可达 70 分钟。潜水能力最强的是威德尔海豹，一般潜水深度为 180～360 米，最深达 600 米。海豹奶中的脂肪含量相当高，可达 40%～50%，是牛奶中脂肪含量的 10～15 倍，其他营养成分也比牛奶高，这是海豹幼仔生长健壮，膘肥肉胖的原因之一。

海豹几乎分布于世界各海域，寒冷海域更为常见。全世界共有 34 种海豹，约 3500 万头。南极地区有 6 种海豹，约 3200 万头，占世界海豹总数的 90%。显然，南极地区是海豹的重要产地。

栖息于南极辐合带以南的海豹有 6 种，即锯齿海豹、象海豹、豹型海豹、威德尔海豹、罗斯海豹和海狮。个头最大的是象海豹，数量最多的是锯齿海豹。在这 6 种海豹中，锯齿海豹、豹型海豹、威德尔海豹和罗斯海豹是南极地区特有的。南极地区的海豹主要分布于南极大陆沿岸、浮冰区和某些岛屿周围海域。

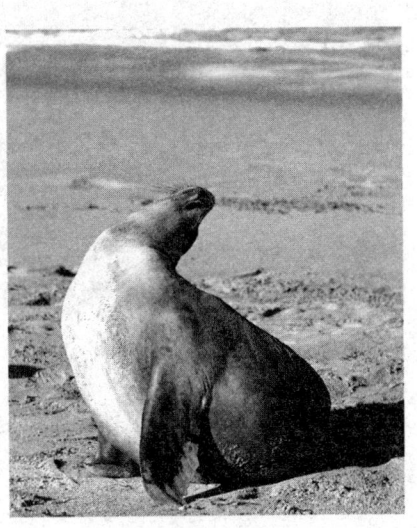

海　狮

海豹的毛、皮、肉和脂肪都具有很高的经济价值。17 世纪开始，许多去南极的探险者曾捕食海豹并以其油作燃料，度过了艰难的岁月。18 世纪 70 年代，一些国家对海豹进行商业性开发，致使海豹的数量迅速下降。为了挽救海豹濒于绝灭之命运，1972 年，12 个南极条约国缔结了一个《南极海豹保护公约》，禁止捕杀海豹。近年来，海豹的数量又开始回升。

威德尔海豹

威德尔海豹分布在南极海域沿岸，是一种粗笨的兽类，它体长 3 米，体重 300 多千克，雌性略大于雄性。它背部呈黑色，其他部分呈淡灰色，体侧有白色斑点，其数量约 75 万只。每年夏末开始换毛，换毛后体呈深灰色或黑色，腹部长有白色和银灰色的美丽斑纹。大概它好吃懒做的缘故吧，身体肥

威德尔海豹

得像软体动物，长久地懒懒地睡卧在冰块上，构成一幅奇特的图景。

威德尔海豹的生活习性很特别。它们经常出没于海冰区，并能在海冰下度过漫长黑暗的寒冬。它靠锋利的牙齿，啃冰钻洞，伸出头来，进行呼吸，或钻出冰洞，独自栖息，少见成群现象。开孔时，海豹用牙齿把冰块锯开，并用大尖牙不断把洞孔扩大，以保持洞孔经常畅通。所以，老海豹的"锯冰块"的牙齿，即上下尖齿和前面的一对门齿，一般都带有磨损或断裂的明显痕迹。许多海豹由于尖牙损坏，不能在冰中穿通呼吸孔而在冬天窒息在冰层之下而死去。雌性多栖于冰面，雄性多在水中，二者在水中交配。威德尔海豹以鱼类、乌贼和磷虾为食。

冬天大气比海水冷得多，除了完全无风的日子，威德尔海豹很少到冰层上来，可见它的潜水能力很强。威德尔海豹经常在冰层下作长距离地潜游。据推测，海豹能利用冰层下的积气进行呼吸，但是它们生存的主要因素还是保持呼吸孔的通畅。

威德尔海豹的怀孕期为 10 个月，每到春季雌兽成群地爬到冰层上来产仔。每胎产一仔，哺乳期历时有 1 个月，但在南极各地区的海豹产仔的情况并不相同。罗斯海的海豹生殖旺期是 10 月下旬，而在格雷厄姆地则整整提早 1 个月。

威德尔海豹初生的幼仔体重有 27 千克，其成长之快是惊人的。幼仔体重在 2 周内增加 1 倍，身上长着一层密密的绒毛；2 周后，全身开始换毛；到 6 周，长出一层硬毛被。仔兽 3 周就能下水，但出生后 7 周内，即母兽离开它以前，还要继续吸食母乳。

威德尔海豹的幼兽在哺乳期结束前，自己就开始捕食甲壳纲动物，断乳后头几个月，继续捕食甲壳纲动物，逐渐转到以鱼和头足动物为食料。

幼兽第 1 年可长到 2 米，第 2 年可长到成年海豹的体长，第 3 年开始生殖。幼兽很少上岸，我们也很少知道它们的迁移规律。但是却发现一种情况：若干偶然迁到亚南极岛屿和澳大利亚、新西兰海岸的威德尔海豹，都是不满周岁的幼兽。

食蟹海豹

食蟹海豹又叫锯齿海豹，它和威德尔海豹一样，也是南极岸特有的兽类。

夏天，当南极大部分陆地周围的沿岸的水域解冰时，食蟹海豹成群结队，大批地爬到岸上。在罗斯海岸附近和格雷厄姆地西部都可以看到食蟹海豹群。它们来去很有规律。入冬后，各种海豹照例离开沿岸水域，直到来年夏季才返回。

食蟹海豹体型比威德尔海豹小，但是非常灵活。其体长 2.5 米左右，体重 200 多千克，雌性躯体大于雄性。其体色从银灰色到深灰色，有时呈淡红色，背部的色泽比腹部深。锯齿海豹口腔中长有成排尖细的牙齿，上下交错排列，很像锯齿，由此得其名。它以磷虾为食，把它称为食蟹海豹是一种错觉，因为南极的蟹类极少，不足供其食用。

食蟹海豹在秋天换毛。新生的毛起初淡黄色，最后变成纯白色，长有不规则的浅灰斑点，两肋和背下部特别多，五彩缤纷，十分美丽。食蟹海豹的毛色在满布浅色斑点阶段时，人们又将其称为"南极白海豹"。

食蟹海豹

食蟹海豹除体态匀称外，与威德尔海豹还有一点不同：当它们受到惊动时，其警惕性非常高，反应也非常快。它向人或其他动物袭击时，先张大嘴巴嘶哑地向前扑去，紧跟着就退到最近的洞穴，钻进水里消失。由于它的嘴脸很长，外貌十分惹人注意。当它惊慌或被什么东西激怒时，拱嘴向上耸起，变得又宽又大，这时的样子与家猪十分相似。

在南极海豹中，食蟹海豹最富共居性，通常它们在冰丛上联合成群，甚至在沿岸水域，它们也聚集在不大浮动的冰块上，只是偶尔才登岸。食蟹海豹在雪上和冰上行动又迅速又灵巧，可能在进化过程中发展了特殊的爬行能力。它爬行的时候，行动很像四足兽，它那柔软灵活的躯体，前肢不像威德尔海豹那样毫无作用地贴在肋旁，而像四足兽那样作交替运动。

食蟹海豹的食料几乎全是南极区域异常丰富的磷虾。在进食过程中，它的臼齿变成过滤器官，每颗牙成为几个向后屈曲的凸瓣，因此上下颚并拢时便留出一排孔，水就通过这些孔从口中滤出，留下的磷虾就被吞食下去。

雌性锯齿海豹2年性成熟，怀孕期9个月，在海冰上生殖，每年1胎，每胎产1仔。暖季，锯齿海豹组成繁衍的家庭：一头雌海豹领着几个儿女，有时也有一头雄海豹临时加入，栖息在海冰上。其他季节，它们分别活动在浮冰的边缘。

食蟹海豹的身上常常有明显的伤痕和瘢疤。这些伤痕的性质和位置表明，这种海豹很可能经常受逆戟鲸的袭击。

食蟹海豹是南极海豹中数量最多的一种，约3000万头，占南极海豹总数的90%以上；也是世界海豹中数量最多的一种，占世界海豹总数的85%。据说，它也是当今世界上数量最多的大型哺乳动物。

罗斯海豹

罗斯海豹体长约2.7米，雌性大于雄性，小脑袋，大眼睛，又叫大眼海豹。它们背部呈褐灰色或黑色，腹部较浅淡，两肋点缀着清晰的斜条纹。其数量约25万~50万头，以深水乌贼为食。

乌贼

和食蟹海豹一样，罗斯海豹也专门栖息在冰丛上，但又与食蟹海豹不同的是罗斯海豹的食物和生活方式。食蟹海豹喜欢群居，而罗斯海豹却总是喜欢单独行动。它们并不群居，懒洋洋地躺在冰丛上也不爱活动，但受到其他动物的追击时却逃跑得很快。

罗斯海豹有一个奇怪的特点，就是它的颈肥厚，有颈褶，头能够缩进去，几乎完全藏在颈褶中。它的前鳍脚和后鳍脚都较宽，也就使它们在水中游动的速度远远超过其他种类的海豹。

食肉海豹

与其他种类海豹只分布南极地区内相比，食肉海豹不仅分布在南极沿岸和亚南极区域的冰丛上，在温带地区也有它们的身影。出现这种差异主要与海豹的食料有关。

食肉海豹不仅捕食鱼类和头足纲动物，还常常袭击其他海豹，甚至袭击海鸟。它们主要以南极区域和亚南极区域的企鹅为食。当它弄死鸬鹚、海燕或企鹅后，就把捕获物拖出水面并用力摇晃，把鸟体搓得一片片地落下来。

食肉海豹的食量非常大。当它们饥饿时，甚至袭击鲸类，所以食肉海豹是一种凶猛残忍的海兽。它们体格健壮，嘴里长有一大排发达的牙齿。除了大尖牙和门齿外，还有一排尖利的白齿。雄性幼龄食肉海豹体态匀称细长，头部较大，并且终生都保持这种形态。雌兽有变化，它的前体越发育越宽阔。

食肉海豹在性成熟前发育较慢，雌兽在第 3 年达到性成熟，雄兽在第 4 年。

食肉海豹体色深灰，下部转浅，颈、脊和肋部布满特殊的白、黑斑。在未达到性成熟海豹的毛色显得发白。

食肉海豹的繁殖期要持续 3 个月或更长，大约从 9 月到 12 月。

象海豹

象海豹又叫象形海豹和海象，是海豹中个头最大一种。雄性一般体长 4 ~ 6 米，体重 2 ~ 3.5 吨；雌性小于雄性，体重为雄性的一半，所以很容易区分开这种海豹的雌雄。其数量约 70 万头。

象海豹的嘴唇上方长着一块别致而富有弹性的肌肉，形状很像大象的鼻子，所以才得名象海豹。象海豹的鼻子平时松软下垂，发怒或殴斗时，鼓得很高，伸得很长，有时长达 50 厘米。象海豹的皮毛呈灰黄色，有时呈灰白色，随年龄和季节的变化，体色略有差异。象海豹相貌丑陋，行动笨拙，以磷虾、乌贼为食，喜欢群居，在陆地上繁殖，每胎产 1 仔。

每当八九月份繁殖季节来临，成群结队的象海豹跑上岸来，开始了占领

象海豹

地盘、寻找配偶的活动，此时的海滩成了象海豹的乐园。

象海豹的繁殖地往往是世袭的领地。为了占领地盘，雄性象海豹之间经常要进行一场残酷的争斗；胜者占地为王，拥有成群妻妾，败者扫兴而去，另寻出路。在海滩上，人们可以看到，一头雄象海豹日夜守卫着数十头、甚至上百头雌象海豹的情景，这都是它夺来的妻妾，它时刻警惕来犯之敌。一旦情敌相遇，便不顾一切，展开生死的搏斗。双方怒气冲天，吼声动地，张着大口，立身撕咬，直至战得遍体鳞伤，皮开肉绽，鲜血直流。

雄性象海豹性情凶猛，雌性象海豹则性情温柔，一旦一头雌象海豹被雄性占有，便乖乖地跟随着丈夫，温顺地躺在它的身边。如果雌性象海豹有不轨行为，被丈夫发现，就会受到严厉惩罚。象海豹夫妻之间也会导致殴斗，原因是雌象海豹怀孕后拒绝再次交配。生殖季节一过，雄象海豹就到海上捕食和逍遥了，抚养后代的责任，完全由雌象海豹承担。

豹形海豹

豹形海豹体长 3 ~ 4 米，雌性体格大，体重也较重，约有 300 ~ 500 千克，但雄性体重仅有 200 千克。

豹形海豹全身带有花斑，貌似金钱豹。它性情凶猛，运动灵活，游泳速度快，牙齿锋利，嗅觉灵敏，善于进攻猎物，经常出其不意地袭击企鹅群。

豹形海豹

豹形海豹的食性比较广泛，它们不仅捕食磷虾、鱼和头足类动物，还吞食企鹅、飞鸟和小的锯齿海豹。因此，人们称之为海中强盗，令其他种类的海豹望而生畏，远而避之。

豹形海豹的数量仅 22 万头，在水中交配，在冰上繁殖，每胎产 1 仔。

南极的鲸

南极鲸的特点

鲸是海洋哺乳动物，胎生，幼仔哺乳，用肺呼吸。但它既不同于海豹等海洋哺乳动物，也不同于企鹅等用肺呼吸的海鸟，它终生在水中生活，而其他海洋哺乳动物和海鸟则一段时间在水里，一段时间在陆上生活。

鲸和其他海洋哺乳动物一样善于游泳，长于潜水。须鲸类的游泳速度一般为每小时 30 千米，受惊时每小时为 40 千米，鳁鲸的速度最快，每小时约 55 千米，比万吨巨轮还要快。抹香鲸游泳速度较慢，一般为每小时 10 千米，最快时为 25 千米。鲸潜水的时间和深度也很惊人，它可潜入 200~300 米的深海，历时 2 小时之久。与海豹相比，鲸的潜水深度比不上可潜入 600 米的威德尔海豹，但鲸的深潜时间比海豹长得多，威德尔海豹长潜时间为 70 分钟，仅是鲸的 1/2。这种深潜与长潜的差别，可能与躯体大小不同有关。此外，鲸和海豹的脑袋都很小，不到体重的 1/1000，这也是能够长潜和深潜的有利条件。

鲸的呼吸方式也十分特殊。鲸在水下生活期间，紧闭鼻孔，露出水面呼吸时，鼻孔张开，凭借肺部的压力和肌肉的收缩，喷出一股白花花的水柱，并伴随一阵汽笛般的叫声。所喷水柱的高度和形状是鉴别不同鲸种的标志。如蓝鲸的喷水柱垂直向上，强劲有力，上粗下细，顶部松散，如同礼花，射程高达 10 米以上。其他须鲸类喷水柱的高度一般为 8~10 米。抹香鲸的喷水柱向左前方偏转，喷射力弱，粗短而松散，高度仅 3~4 米。

南大洋的鲸主要以磷虾为食，也吞食一些桡足类等甲壳类浮游动物。滤食性须鲸，从亚热带和温带迁徙到南极，在南极水域饱食美餐，寻偶交配。在此期间，有些种群能积累全身脂肪量的 50%。须鲸在亚热带很少吃东西，在南极积累的脂肪用来提供它一年中其他时间所需要的能量。齿鲸类的抹香鲸是以食乌贼和鱼类为主。

鲸的胃口很大。蓝鲸口腔的容积达 5 立方米，张口时大量的磷虾和海水一起涌进，闭口时，把海水从唇须缝中挤出，滤出的磷虾一口吞下。

多数鲸类成群的习性不很显著，唯独抹香鲸有组织小家庭的习惯，其成员往往是雌鲸、幼仔和雄鲸各 1 头，但其周围也常有成年的雄鲸伴随，伺机而动，争夺妻妾。抹香鲸往往是一夫多妻。

鲸很多是在南极之外繁殖，一般每年 1 次，每胎产 1 仔。怀孕期一般为 9～12 个月，蓝鲸为 12 个月，抹香鲸的怀孕期长达 16 个月。幼仔的哺育期为 7 个月，每天的哺育量为 400～500 千克。雌鲸的乳汁营养丰富，因此，仔鲸生长快，且膘肥肉胖。仔鲸在哺育期每小时可增加体重 4 千克，一昼夜竟增长 80～100 千克。仔鲸在断奶后，生长速度大减。鲸的性成熟为 4～5 年，其寿命最长可达 100 年。

迁徙生活是鲸的共同习性。迁徙是鲸的一种本能，也是生存所迫，比如须鲸在其他海域进食很少，主要在南极海域进食，所以它必须返回南极海域。

南大洋的鲸多数是从亚热带和温带迁徙来的，在每年的 11 月左右到达南极海域，在那里逗留 100 来天，于翌年二三月踏上回程。须鲸在南极海域逗留的时间最长，通常为 120 天以上。有的缟臂鲸可在南极海域越冬，并在亚南极区繁殖。其他多数鲸种在南极地区或在迁徙的途中寻偶、交配，在温带和亚热带繁殖后代。在南极海域很难看到正在哺乳的仔鲸。

南极鲸的种类

蓝 鲸

栖息于南大洋的鲸分为 2 大类：须鲸类和齿鲸类，约有 12 种之多。较大型的须鲸有蓝鲸、鳍鲸、黑板须鲸、缟臂鲸、巨臂鲸、小鳁鲸和露脊鲸等；较大的齿鲸有抹香鲸和逆戟鲸等。其中个头最大的是蓝鲸，数量最多的是鳍鲸。巨臂鲸和露脊鲸因为游泳慢，易于捕杀，所以现已几乎被捕尽杀绝，幸存者为数不多。

鲸在南大洋中的分布比较广泛，几乎南极辐合带以南都有它们的踪迹。它们的分布与磷虾群的分布有密切关系，蓝鲸主要分布在浮冰带，生活在最南部的是巨臂鲸和黑板须鲸，缟臂鲸可以在南极洲海域越冬，露脊鲸主要分布在亚南极地区；齿鲸类分布在南极辐合带，随季节变化而迁徙。

蓝鲸又叫长簇鲸，体长30米，平均体重150吨，最大者190吨，是当今地球上最大、最重的动物。虽然这种动物体大无比，但性情并非像人们想象得那样性情凶猛，贪婪异常。它最爱吃的是一般体长只有4～5厘米的南极磷虾。蓝鲸的胃口很大，每天要吃几吨磷虾。

巨臂鲸

蓝鲸的躯体呈蓝灰色或黄褐色，这是由于它的皮肤上覆盖着一层黄褐色硅藻膜的缘故，其实，它的真正颜色是黑色。蓝鲸的躯体庞大而肥胖，是人们重点捕杀对象之一，因此，其数量不断下降，现存量仅20万头。

鳍鲸体长25米，体重50吨左右，背部呈黑色，腹部呈白色，体侧为淡灰色。它的体态与蓝鲸相似，也是捕杀量最大的一种，致使其数量由原来的40万头下降到8万头。

露脊鲸

巨臂鲸又叫驼背鲸，体长15米左右，体重25吨，背部呈黑色，其他部位为灰色，胸鳍很长，像一双巨臂，躯粗体短，驼背弯腰，故得此名。它现存的数量很少，已成为南极海域的稀有种类。

缟臂鲸身长10米左右，体重7吨，体态细长，是须鲸中最小的一种，数量约 20 万头。

露脊鲸身长 18 米，体重 20 吨左右，躯体细长，背部呈黑色，腹部灰白色，属亚南极种。

虎　鲸

抹香鲸又叫真甲鲸，体长 18～25 米，体重 20～25 吨，最大者达 60 吨，是齿鲸类中个头最大的一种。它体色呈灰黄色，头部特别大，呈楔形，占体长的 1/3，身体粗短，行动缓慢笨拙，易于捕杀。现存量由原来的 85 万头下降到 43 万头。

逆戟鲸又叫虎鲸，身长为 8～10 米，体重 15 吨左右，背呈黑色，腹为灰白色，背鳍弯曲长达 1 米，嘴巴细长，牙齿锋利，性情凶猛，善于进攻猎物，是企鹅、海豹的大敌。有时它还袭击同类须鲸或抹香鲸，是海上的霸王。

南极鳕鱼

南极鳕鱼生活在南大洋比较寒冷的海域，甚至位于南纬 82° 的罗斯冰架附近，都有它的分布。

南极鳕鱼体长 40 厘米左右，体重为几千克，体型短粗，呈银灰色，略带黑褐色斑点，头大，嘴圆，唇厚，血液为灰白色，没有血红蛋白。南极鳕鱼是一种食用鱼类，它肉嫩质白，味道鲜美可口，营养价值较高。它的独特生理功能是抗低温，因此，南极鳕鱼除了作为重要资源而进行商业性开发外，

南极鳕鱼

它的抗冻功能也备受重视。

鱼类生理学的研究结果表明，一般鱼类在零下 1℃ 时就难以生存，而南极鳕鱼仍能在零下 1.87℃ 的温度下活跃地生活，若无其事地游来游去。原来在南极鳕鱼的血液中有一种特殊的生物化学物质，叫做抗冻蛋白，就是这种抗冻蛋白在起作用。

抗冻蛋白之所以具有抗冻作用，是因为其分子具有扩展的性质，好像其结构上有一块极易与水或冰相互作用的表面区域，以此降低水的冰点，从而阻止体液的冻结。因此，抗冻蛋白赋予南极鳕鱼一种惊人的抗低温能力。

 知识点

南极辐合带

南极辐合带，位于南纬 50°~60° 之间，向北流动的寒冷南极水下沉至较温暖的亚南极水层之下，而形成环绕南极的表层海水沉降带，并且有明显的海洋锋特征。一般作为划分南大洋中的南极海区和亚南极海区水团的边界。

憨态可掬的企鹅

在人们的心目中，企鹅与严寒是联系在一起的。这种看法只有一部分道理。全世界共有 18 种企鹅，都分布在南半球，北半球根本没有这种动物。尽管北极十分寒冷，也并没有企鹅。另外，企鹅也并不只出现在严寒的地方，南美洲东海岸外的加拉帕戈斯群岛，就住着一种企鹅，这个地方已经接近赤道了。不过，南极的确是企鹅分布最集中也最多的地方。

企鹅的前胸是白色的，背部是黑色或深蓝色的。在陆上行走时，行动笨拙，脚掌着地，身体直立，依靠尾巴和翅膀维持平衡，步履蹒跚，就像一个大腹便便的西方绅士。

企鹅是海洋鸟类，虽然它们有时也在陆地、冰原和海冰上栖息。在企鹅的一生中，生活在海里和陆上的时间约各占一半。企鹅虽然有翅膀，但是不能飞翔。它的翅膀早已完全退化，变成了类似鳍一样的东西，是企鹅在水中游泳的双桨。除了产卵和孵化的时候，企鹅大部分时间都在海上生活。遇到紧急情况时，能迅速卧倒，舒展两翅，在冰雪上匍匐前进；有时还可在冰雪的悬崖、斜坡上，以尾和翅掌握方向，迅速滑行。企鹅游泳的速度十分惊人，成体企鹅的游泳时速为 20～30 千米，比万吨巨轮的速度还要快，甚至可以超过速度最快的捕鲸船。企鹅跳水的本领可与世界跳水冠军相媲美，它能跳出水面两米多高，并能从冰山或冰上腾空而起，跃入水中，潜入水底。因此，企鹅称得起游泳健将，跳水和潜水能手。企鹅可以在海中得到充足的食物。

企鹅以海洋浮游动物，主要是南极磷虾为食，有时也捕食一些端足类、乌贼和小鱼。

企鹅的胃口不错，每只企鹅每天平均能吃 0.75 千克食物，主要是南极磷虾。因此，企鹅作为捕食者在南大洋食物链中起着重要作用。企鹅在南极捕食的磷虾约 3317 万吨，占南极鸟类总消耗量的 90%，相当于鲸捕食磷虾的 1/2。

企鹅的栖息地因种类和分布区域的不同而异。帝企鹅喜欢在冰架和海冰上栖息；阿德利和金图企鹅既可以在海冰上，又可以在无冰区的露岩上生活；在亚南极的企鹅，大都喜欢在无冰区的岩石上栖息，并常用石块筑巢。

企鹅喜欢群栖，一群有几百只，几千只，上万只，最多者甚至达 10 万～20 多万只。在南极大陆的冰架上，或在南大洋的冰山和浮冰上，成群结队的企鹅聚集的情况非常常见。

企鹅看来呆傻憨厚，其实，它是一种很聪明的动物。有人曾捉到十几只企鹅，把它们圈在雪下二三米深的围栏中饲养。后来发现它们竟然跑掉了许多。原来，这些外表笨拙的动物会搭 "人梯"，相继地踏在肩膀上，攀越围栏逃跑。当人们看到它们企图逃跑的时候，它们立刻停止逃跑的活动，大模大样地踱着步子，装出一副若无其事的样子。

企鹅有眷恋家乡的本性。不管离开栖息地和繁殖地有多么远，都要想办法返回家乡。对于企鹅是怎样辨认方向，找到回家道路，科学家曾做过这样一个试验：把四只阿德利企鹅从海岸边的繁殖地点带到南极大陆内地，然后站在高高的铁架上，观察这些企鹅被放开以后怎样辨认方向。开始的时候，它们胡乱地走动，没有一定方向，不久，就都朝着北方一直走去。不论放在什么地方，都是这样。要知道，在南极大陆内地，到处是一片白茫茫的冰雪，根本找不到可以用来辨别方向的地面标志。而企鹅把太阳当成了定向的标志。科学家们发现，上午，太阳在东北方的天空，企鹅的前进方向在太阳的左方。到了下午，太阳转到西北方，企鹅的前进方向就在太阳的右方，不管怎样总是朝北的。科学家们还发现，一旦天气转阴，太阳被云层遮掩，企鹅就不能保持朝正北的方向前进了。

关于南极企鹅的起源，一些科学家认为它们来源于冈瓦纳大陆裂解时期的一种会飞的动物。还是在冈瓦纳大陆开始分裂、解体的时候，南极大陆分离出来，开始向南漂移。此时恰巧有一群会飞的动物在海洋的上空飞翔，它们发现了漂移的南极大陆这块乐土，于是就决定降落到这里。开始它们在那里过得十分美满，丰衣足食，尽情地追逐、狂欢。然而，好景不长，随着大陆的南下，越来越冷了，它们想飞也无处飞了，四周是茫茫的冰海雪原，走投无路，只好安分守己地待在这块土地上。不久南极大陆到了极地，日久天长，终于盖上了厚厚的冰雪，原来繁茂的生物大批死亡，唯有这种会飞的动物活下来了。但是，它们本身却发生了变化，由会飞变得不会飞了，由原来宽阔蓬松的羽毛变成了细密针状羽毛，原来苗条细长的躯体也变得矮胖了。生理功能也发生了深刻的变化，抗低温的能力增强了。随着岁月的流逝，世纪的更替，它们终于变成了现代的企鹅，成为南极地区的土著居民。

对于这种说法并非无稽之谈，古生物学家在南极洲曾经发现过类似企鹅的化石。分析结果认为，当时的这种类企鹅的鸟类具有两栖类动物的某些特征，高1米左右，重9.3千克，也许这就是企鹅的前身。

南极企鹅的种类及分布

世界上约有20种企鹅，全部分布在南半球。以南极大陆为中心，北至非洲南端、南美洲和大洋洲，主要分布在南极大陆沿岸和某些岛屿上。

南极企鹅有7种：帝企鹅、阿德利企鹅、金图企鹅（又名巴布亚企鹅）、帽带企鹅（又名南极企鹅）、王企鹅（又名国王企鹅）、喜石企鹅和浮华企鹅。这7种企鹅都在南极辐合带以南繁殖后代，其中前4种在南极大陆上繁殖，后3种在亚南极的岛屿上繁殖。

南极地区以外的企鹅有加岛环企鹅、洪氏环企鹅、麦氏环企鹅、斑嘴环企鹅、厚喙企鹅、竖冠企鹅、黄眼企鹅、白翅鳍脚企鹅和小鳍脚企鹅等10多种，属于温带和亚热带种类，其个体都比南极企鹅小，有的背部带有白色斑点。

皇帝企鹅

南极企鹅的共同形态特征是，躯体呈流线型，背披黑色羽毛，腹着白色羽毛，翅膀退化，呈鳍形，羽毛为细管状结构，披针型排列，足瘦腿短，趾间有蹼，尾巴短小，躯体肥胖，大腹便便，行走蹒跚。不同种的企鹅具有明显的特征，很容易辨认，南极7种企鹅的主要特点如下。

皇帝企鹅，简称帝企鹅，身高一般1.22米，体重约41千克，是南极洲最大的企鹅，也是世界企鹅之王。其形态特征是脖子底下有一片橙黄色羽毛，向下逐渐变淡，耳朵后部最深。全身色泽协调，庄重高雅。帝企鹅在南极严寒的冬季冰上繁殖后代，雌企鹅每次产1枚蛋，雄企鹅孵蛋。

阿德利企鹅身高45～55厘米，体重约4.5千克，眼圈为白色，头部呈蓝绿色，嘴为黑色，嘴角有细长羽毛，腿短，爪黑。阿德利企鹅的名称来源于南极大陆的阿德利地，此地是1840年法国探险家迪·迪尔维尔以其妻子的名字命名的。它是分布最广、数量最多的企鹅。其繁殖季节在夏季，雌企鹅每次产2枚蛋，雌

阿德利企鹅

企鹅孵蛋，孵蛋期为 2 个来月，通常只有一只小企鹅成活，小企鹅 2 个月后即可下水游泳。

金图企鹅身高 56～66 厘米，体重约 5.5 千克。近年来又发现了 2 个亚种，即北方种和南方种，其身高、体重和形态略有差异。金图企鹅嘴细长，嘴角呈红色，眼角处有一个红色的三角形，显得眉清目秀，潇洒风流。雌企鹅在南极的冬季产蛋，每次 2 枚，雌、雄企鹅轮流孵蛋，先雄后雌，每隔 1～3 天换班一次。孵蛋期较长，达七八个月，雏企鹅发育较慢，3 个月后才能下水。

帽带企鹅身高 43～53 厘米，体重约 4 千克，最明显的特征是脖子底下有一道黑色条纹，像海军军官的帽带，显得威武、刚毅。俄罗斯人称之为"警官企鹅"。其生殖季节在冬季，雌企鹅每次产 2 枚蛋，孵蛋由雌、雄企鹅双方轮流承担，先雌后雄，雌企鹅先孵 10 天，以后每隔两三天，雄、雌企鹅

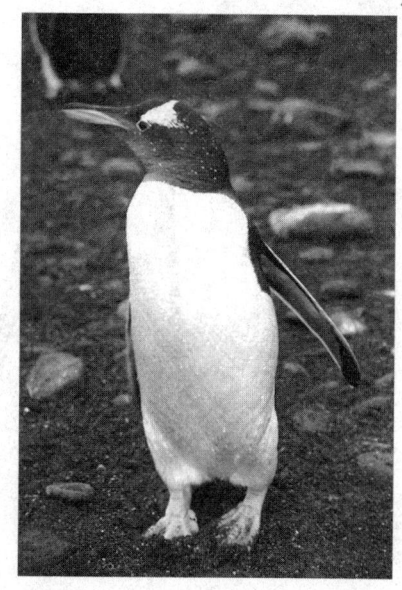

金图企鹅

轮流换班，雏企鹅 2 个月后即可下水游泳。

王企鹅，身高 90 厘米左右，体重约 12 千克，其躯体的大小仅次于帝企鹅。它和帝企鹅是同属、异种，形态基本相似，主要差异是身材苗条，嘴巴细长，脖子下的红色羽毛较为鲜艳，向下和向后延伸的面积较大，是企鹅中色彩最鲜艳的一种。

喜石企鹅身高 44～49 厘米，体重约 2.5 千克，是南极企鹅中

帽带企鹅

王企鹅

最小的一种。它喜欢栖息于石块、卵石密布的山坡、高地和海滩，衔石、啄石、玩石似乎是它的本能和习惯，用石头筑巢更是它的拿手好戏。喜石企鹅是冠企鹅中的一种。

浮华企鹅身高 45 ~ 55 厘米，体重约 4.6 千克，它的明显特征是眼睛上方的头部有两簇金黄色的羽毛，嘴粗而短，呈赭石色，眼球呈橘红色，是企鹅中最豪华的一种，看上去像古戏中的武将：身披黑色开襟风衣，内着白色战服，头戴金鸡翎，一副挎刀跃马的姿态。浮华企鹅也是冠企鹅的一种。

南极企鹅的种类并不多，但数量相当可观。据鸟类学家长期观察和估算，南极地区现有企鹅近 1.2 亿只，占世界企鹅总数的 87%，占南极海鸟总数的 90%。数量最多的是阿德利企鹅，约 5000 万只；其次是帽带企鹅，约 300 万只；数量最少的是帝企鹅，约 57 万只。

企鹅繁殖与生育

企鹅在冬季繁殖。每当极夜快要到来的时候，它们就离开水面，走到冰上来，经过长途跋涉，准确地找到自己固定的栖息地。它们的栖息地是绝对固定的，每年都在同一个地方。到了初冬的四五月间，雌企鹅生出了

喜石企鹅

唯一的一枚大约400多克重的大蛋，雄企鹅把蛋小心地放在自己的双脚上，再放低它温暖的肚皮，把蛋紧紧地焐在下面，经过大约2个月的孵化期，才能孵出幼雏。在孵化期间，雄企鹅不吃不喝，相互挤在一起，在南极最冷的风雪咆哮的极夜中相依为命。

在幼雏刚刚孵出来的时候，雌企鹅从海上赶了回来，这时候雄企鹅早已饿得不行了，赶紧把幼雏交给雌企鹅，自己到海里觅食去了。雌企鹅就把胃里的食物吐出来，一口一口地喂给小企鹅吃。

企鹅选择这样一种又冷又黑的严酷环境生卵孵化，从生物进化的角度来看，是它长期与环境相适应的结果。

首先，在冬季孵化出来的幼雏，经过几个月的发育，到了第二年夏天，已经有了一定的独立生活能力，可以跟随双亲在明媚的阳光下到海中嬉戏觅食。其次，在严冬时节可以避免各种猛禽的侵扰。虽然环境艰苦，但是比较安全。在夏季繁殖的阿德利企鹅就常常受到贼鸥侵袭，它们的蛋也常常成了这些空中强盗的美餐。但是，由于一只雌阿德利企鹅在一个繁殖季节里要生下几个蛋，因而这种企鹅仍然能够避免灭绝的命运。

在南极的夏季，企鹅主要生活在海上，它们在水中捕食、游泳、嬉戏，一方面把身体锻炼得棒棒的，一方面吃饱喝足，养精蓄锐，迎接冬季繁殖季节的到来。

4月份，南极开始进入初冬了，企鹅爬上岸来，开始寻找安家的宝地和配偶了。为了争夺一只雌企鹅，两只雄企鹅常常斗得遍体鳞伤。败者夹着尾巴，灰溜溜地扫兴而去；胜者则兴高采烈地迅速奔到雌企鹅身边，紧紧依偎在一起。而两只雌企鹅为了争夺一只雄企鹅，也会出现类似的情景。

企鹅经讨上述一段爱情生活的波折后，情投意合的伴侣选择好了，繁殖地也找到了，于是，它们的爱情生活便产生了一个飞跃——开始交配、怀卵、产蛋、孵蛋和抚养雏企鹅的家庭生活了。

雌企鹅怀卵2个月左右，在5月份左右便开始产蛋。帝企鹅每次产1枚蛋，呈淡绿色，形状像鸭蛋，但比鸭蛋大得多，重约半千克；其他企鹅每次产2枚蛋，大小不等。所有企鹅都是每年繁殖1次。

雌企鹅在怀卵期也产生妊娠反应，食欲大减，反应严重的长达1个月不进食。雌企鹅产蛋后便完成任务了，孵蛋的重任由雄企鹅承担。

在庞大的动物世界中，雌性生儿育女似乎是一种本能和天职，人们对这种天经地义的事情也早已习以为常了。然而，企鹅却打破了常规，创造了雄企鹅孵蛋的奇迹。

雌企鹅在产蛋以后，立即把蛋交给雄企鹅。从此，雌企鹅的生育任务就告一段落了。事隔一两日，雌企鹅放心地离开了温暖的家庭，跑到海里去觅食、游玩和消遣了。因为它在怀孕期间差不多1个来月没有进食了，精神和体力的消耗十分严重，也该到海里去休息一下，饱餐一顿，恢复体力了。

雄企鹅孵蛋，的确是一项艰巨的任务。为了避寒和挡风，几只雄企鹅常常并排而站，背朝来风面，形成一堵挡风的墙。孵蛋时，雄企鹅双足紧并，肃穆而立，以尾部作为支柱，分担双足所承受的身体重量，然后用嘴将蛋小心翼翼地拨弄到双足背上，并轻微活动身躯和双足，直到蛋在脚背停稳为止。最后，从自己腹部的下端牵拉下一块皱长的肚皮，像安全袋一样，把蛋盖住。从此，雄企鹅便弯着脖子，低着头，全神贯注地凝视着、保护着这个掌上明珠，竭尽全力、不吃不喝地站立60多天。一直到雏企鹅脱壳而出，它才能稍微松一口气，轻轻地活动一下身子，理一理蓬松的羽毛，鼓一鼓翅膀，提一提神，又准备完成护理小企鹅的任务。

雌企鹅自从离别丈夫之后，在近岸的海洋里休养，弥补怀卵期的损耗。等精神重新焕发一新之后，便匆匆跃上岸来，踏上返回故居之路，寻找久别的丈夫和初生的孩子。

事实上，企鹅的孵化率很难达到100%，高者达80%，低者不到10%。

凶猛无情的雪暴

其原因并非是雄企鹅的不责任原因，也不是由于它孵蛋的经验不足，技术不佳，主要是由于恶劣的南极气候和企鹅的天敌所致。

造成灾害的气候因素有两个，一是风，二是雪。企鹅孵蛋时若遇上每秒50～60米的强大风暴，就难以抵挡，即使筑起挡风的墙也无济于事。如果遇到雪暴，正在孵蛋的企鹅不是被卷走就是被雪埋，幸存者屈指可数。

企鹅的天敌也有两个，一是凶禽——贼鸥，二是猛兽——豹形海豹。虽然，企鹅选择在南极的冬季进行繁殖，是为了避开天敌的侵袭，但是冬季偶尔也会有天敌出没，万一孵蛋的企鹅碰上这些凶禽、猛兽，也是凶多吉少。

小企鹅的成长

初生企鹅的幼儿阶段，是在雄企鹅的脚背上和身边度过的，雄企鹅既是父亲又是保育员。雄企鹅对初生的企鹅十分疼爱。当看到出生后的小企鹅饿得直叫的时候，雄企鹅又心疼，又着急，便伸几下脖子，想从自己的嗉囊里吐出一点营养物来，填充一下小企鹅的肚子。然而，它却一点东西也吐不出来了。因为自孵蛋以来，雄企鹅差不多有3个来月没有进食了，自己的嗉囊早已空空如也，根本不能挤出什么东西。因此，雄企鹅只能焦急地等待着雌企鹅的到来。

不久，雌企鹅回到了它生儿育女的栖息地。凭着雄企鹅的叫声准确无误地认出了它的丈夫，找到了它的孩子。此刻，雌企鹅给它的宝贝的第一件礼物就是一顿美餐。小企鹅见到了妈妈，本能地张开了嘴巴，雌企鹅把嘴伸进小企鹅的嘴里，从自己的嗉囊里吐出一口又一口的流汁食物，小企鹅也就享受了出生以来的第一顿饱餐。

精心养育下的小企鹅

从此，小企鹅就由雌雄企鹅轮流抚养。雄企鹅把小企鹅交给妻子之后，也跑到海里去觅食，补充自己的体力去了。

由于雌雄企鹅的精心抚养，小企鹅长得很快，不到1个月，就可以独立行走、游玩了。为了便于远处觅食和加强对后代的保护与教育，父母便把小企鹅委托给邻居照管。这样，由一只或几只成年企鹅照顾着一大群小企鹅的小家庭就形成了。在这里，成年企鹅像照顾自己的子女一样，精心地照顾所有的孩子。小企鹅也乖乖地、开心地成长，等它们的父母回来，才把它们接回去。

尽管小企鹅在家庭和集体的精心抚养和照料下不断长大，但是，由于南极恶劣环境的压力和天敌的侵害，小企鹅的存活率很低，仅占出生率的20%～30%。

小企鹅出生3个月左右，南极的夏季来临了，它们跟随父母下海觅食、游泳。当南极的盛夏来临时，它们已长出丰满的羽毛，体力也充沛了，于是它们脱离父母，开始过自食其力的独立生活。

 知识点

游 禽

游禽，是鸟类六大生态类群之一，涵盖了鸟类传统分类系统中雁形目、潜鸟目、䴙䴘目、鹱形目、鹈形目、鸥形目、企鹅目七项目中的所有种。游禽适合在水中取食。如雁、鸭、天鹅等。喜欢在水上生活，脚向后伸，趾间有蹼，有扁阔的或尖嘴，善于游泳、潜水和在水中掏取食物，大多数不善于在陆地上行走，但飞翔很快。

南极上空的飞鸟

飞的世界

南极地区的鸟类全部是海鸟，除不会飞的企鹅外，其他均为飞鸟。在南极繁殖的飞鸟有30余种，其中，只有雪海燕是土著居民，其他均为异洲侨民。

南极地区海洋飞鸟的种类稀少，但数量却相当可观，约6500万只，如果加上企鹅，海鸟总数更是多得惊人，约1.78亿只。据世界著名海鸟学家估算，全世界的海鸟约10亿只之多，南极地区的海鸟约占世界海鸟总数的

18%。因此，南极地区堪称为飞鸟天地。

南极地区的飞鸟主要分布在南极大陆沿岸和南极辐合带南北的岛屿上，以磷虾等海洋生物为食，每年要消耗约4000万吨海洋生物。

飞鸟筑巢的地点有明显的选择性，一般选择在靠海边并能避风的裸露岩石处。因为海洋既能调节气温，又能提供丰富的食物，裸露的岩石可以避免被风雪埋没的危险。除贼鸥外，它们发现一块筑巢的宝地后，并不是寸土必争，也不是占地为王，而是发扬风格，互相谦让，共同分享。巢的分布和相互间距合理，邻居之间和睦相处。一般说来，巨海燕把巢筑在开阔的平地上，个体较小的海燕类则在巨海燕的巢间空隙上，或在更低洼处筑巢。风暴海燕则把巢筑在长有苔藓和地衣的圆丘上，还有一些海燕则利用山坡岩石的洞穴和裂缝，作为山庄别墅。

飞鸟巢窝的建筑十分简陋，只是平铺一层密密麻麻的小石头，有的稍微加以装饰，铺上几块干枯的地衣和苔藓，或几根羽毛。它们就是在这些简易的住宅里愉快地生活和生儿育女。

南极的夏季是飞鸟的繁殖季节，而繁殖的区域比较广泛，多数在南极半岛和亚南极南部的岛屿上，仅有7种在南极大陆上繁殖。多数飞鸟每年繁殖一次，每次产一两枚蛋。孵蛋期间雌鸟很少进食，有时也有雌、雄轮流孵蛋的现象，雏鸟的抚养由父母双方共同分担。雏鸟一般2个月左右就可以独立活动，有时由父母带领，下海游泳、觅食。

南极飞鸟的适应性很强，它们能顺利地度过南极的夏季，海燕类靠厚厚的皮下脂肪和紧贴皮肤的厚绒毛层保持体温。这些飞鸟表层的羽毛厚而严密，能防止热量的散失。在巢中栖息时，其羽毛表面的温度接近周围的气温，甚至降落在鸟身上的雪都不融化。而羽毛和雪结合在一起，构成了一层很厚的隔热层，更有于保持体热不散失。在比较温暖的日子里，为了防止体温过高，它们往往直立着身体，张开嘴巴，大口喘气，竖起羽毛，伸开脚爪和翅膀，露出皮肤，以散发热量。下海游泳也是散热的有效途径。不过，在南极生活期间，有效地保持体温是关键的一环，需散发体热的情况虽有，但不多，因此，它们在此期间不脱羽毛，也不更换羽毛。

据统计，南极洲的飞鸟共有33种，其中，23种属信天翁类和海燕类，其余为海鸥类等。

信天翁类有漫游信天翁、黑眉信天翁、灰头信天翁和浅烟灰信天翁。信天翁类约有 3900 万只。

巨海燕

海燕类有南部巨海燕、北部巨海燕、南极海燕、开普海燕、蓝海燕、大翅海燕、白头海燕、白颚海燕、威尔逊风暴海燕、灰海燕和南极黑背海燕等 19 种，约 1100 万只。

其他有南极贼鸥、大贼鸥、大鞘嘴鸥、小鞘嘴鸥、南极南方鹱、南极管鼻鹱和南极绿鸬鹚等。

南极飞鸟中个体最大的是信天翁，体重 5~6 千克，它也是世界最大的飞鸟。其次是南部巨海燕。南部巨海燕和北部巨海燕，它们的体重约 4.5 千克，飞行时翅端间距可达 2.1 米。个体最小的飞鸟是威尔逊风暴海燕，体重仅 36 克，但飞翔速度极快，抗风能力很强，能在强大的风暴中飞翔，因此而得名风暴海燕。

这些海洋飞鸟主要以磷虾为食，也食用乌贼和鱼类等海洋生物，在南大洋海洋生态系中起着重要作用。

飞鸟之王——漫游信天翁

漫游信天翁是南极地区最大的飞鸟，也是世界飞鸟之王。它身披洁白色羽毛，尾端和翼尖带有黑色斑纹，躯体呈流线型，展翅飞翔时，翅端间距可达 3.4 米。

漫游信天翁号称飞翔冠军。它日行千里，习以为常，连飞数日，毫不倦怠，即使绕极飞行，也锐气不减。漫游信天翁还是空中滑翔的能手呢，它可以连续几小时不扇动翅膀，仅凭借气流的作用，一个劲地滑翔，显得十分自在。

漫游信天翁之所以拥有飞翔冠军和滑翔能手的称号，这与它们的身体结构有很大关系。它们有一片特殊的肌腱将伸展的翅膀固定位置，另外就是它们的翅膀长度惊人，较之鹱形目其他科的鸟类，漫游信天翁的前臂骨骼与指骨相比显得特别长，翼上附有 25～34 枚次级飞羽，相比之下，海燕仅有 10～12 枚。于是，漫游信天翁的翅膀如同是极为高效的机翼，高"展弦比"（翼长与前后宽之比）使它们能够迅速向前滑翔，而下沉的概率很低。这就极大地减少了滑翔时的肌肉的耗能。这种对快速、长距离飞行的适应性令信天翁得以从它们在海岛上的繁殖基地起飞，翱翔于茫茫的汪洋大海上空。

漫游信天翁是出了名的食腐动物，它们非常喜欢吃从船上扔下的废弃物。它们的饮食范围很广，但鱼、乌贼、甲壳类等构成了信天翁最主要的食物来源。它们主要在海面上猎捕这些食物，但偶尔也会像鲣鸟一样钻入水中，深度达 6 米，最深的可达 12 米。

漫游信天翁被航海家誉为吉祥之鸟和导航之鸟。船只航行在咆哮的南大洋上时，通常可以看到它们不辞劳苦，飞奔而至，盘旋翱翔，给船只领航。虽然南极地区的其他海鸟如管鼻鹱和蓝眼鹚等，也被称为导航之鸟，但它们与信天翁完全不同。它们仅在南极大陆近岸几千米处活动，并习惯于尾随和追逐船只，其目的是捕

漫游信天翁

食船只击伤的鱼虾等海洋生物和吞食船员丢弃的残羹剩饭。当海雾迷漫、航向难辨时，看到这些海鸟，就能判断，离岸不远了。而漫游信天翁是在远离海岸的大洋上，起"导航"作用。

南极海燕

南极海燕体长可达约 43 厘米。它的上身部分是巧克力棕色，翅膀上则有白色长条。它们喜欢筑巢在海边陡峭的岩壁，但也有栖息在内陆地区，并喜欢大量聚集在一起。

南极海燕类属于管鼻鸟，它们有一个共同特征，就是嘴角上有一个鼻孔

状的管子，与胃相通，平时有鼻涕似的糊状物封闭，应急时作为防御的武器。南极海燕的这种习性特别明显，当人们靠近它时，它张张大口，伸伸脖子，像是表示欢迎，其实，那是在准备"武器"，并发出警告：神圣领地，不可侵犯。当人们触动它或其子女时，它便怒气冲天，趁人不备，突然发动进攻，像水枪一样将胃中的液体喷射出来，足足能喷半米远。这种液体呈油性，略带橙黄色，腥臭难闻，溅到衣服上，一时难以清除。

南极海燕大致在每年 11 月会产下一个蛋，次年的 3 月幼雏便可成熟独立。南极海燕的主要食物是在较浅之海水捕食，其栖息地区在南极大陆海岸，而通常不越过南纬60°以北。

空中强盗——贼鸥

在南极海鸥中，有一种褐色海鸥叫贼鸥，它被人类称为空中强盗。从长相上来看，贼鸥并不十分难看，褐色洁净的羽毛，黑得发亮的粗嘴喙，目光炯炯有神的圆眼睛，但其惯于偷盗抢劫，却给人一种讨厌之感。

在南极鸟类中，贼鸥可以说是一霸。它一身棕黑，嘴如鹰爪般的锐利，经常抢吃海鸥嘴中之食。如果抢不到，扑打着翅膀，向海鸥一次又一次地攻击，将海鸥吓得直叫，直到海鸥吐出食物才止。贼鸥还是企鹅的大敌。在企鹅的繁殖季节，贼鸥经常出其不意地袭击企鹅的栖息地，叼食企鹅的蛋和雏企鹅，给企鹅的繁殖养育带来威胁。

贼鸥还是一种好吃懒做、喜欢不劳而获的鸟类。它从来不自己垒窝筑巢，而是采取霸道手段，抢占他鸟的巢窝，驱散他鸟的家庭。有时，甚至穷凶极恶地从其他鸟、兽的口中抢夺食物。一旦吃饱了肚子，它就会蹲伏不动，消磨时光。

贼鸥由于懒惰成性，所以对食物的选择它并不十分严格，不管好坏，只要能填饱肚子就可以了。除鱼、虾等海洋生物外，鸟蛋、幼鸟、海豹的尸体和鸟兽的粪便等都是它的美餐。考察队员丢弃的剩余饭菜和垃圾也可以成为它的美味佳肴。在饥饿之时，它甚至钻进考察站的食品库，吃饱喝足之后还要再捞上一把带走。

不仅如此，贼鸥还给科学考察者带来很大的麻烦。在野外考察时，如果不加提防，随身所带的野餐食品，就会被贼鸥叼走。碰到这种情况，人们只能望空而叹。当人们不知不觉地走近它的巢地时，它便不顾一切地袭来，在头顶上乱飞，甚至向人们俯冲，又是抓，又是叨，有时还向人们头上拉屎，严禁别人接近它的巢穴一步。

贼鸥的飞行能力较强。这也许和它长期行盗有关。据有关资料显示，南极的贼鸥能飞到北极，并在那里生活。

在南极的冬季，有少数贼鸥在亚南极南部的岛屿上越冬。但是那里到处是冰雪，不仅在夏季几个月里裸露的那些小片土地被雪覆盖，而且大片的海洋也被冻结。这时，贼鸥的生活更加困难，没有巢居住，没有食物吃，也不远飞，就懒洋洋地待在考察站附近，靠吃站上的垃圾过活，人们称之为义务清洁工。

南极贼鸥

 知识点

海 燕

海燕是鹱形目海燕科约 20 种海鸟的统称。体长约 13～25 厘米，体暗灰或褐色，有时下体色淡，腰白色。较大多数鹱形目种类翅短，翅尖呈圆形；嘴长适中；鼻管和上嘴的表面融合一起；除后趾外，均具蹼，后趾小而高位；尾长或中长，方形、叉形或楔形。

南极探险、探索

NANJI TANXIAN、TANSUO

　　数百年来，为征服南极洲，揭开它的神秘面纱，数以千计的探险家，奔向南极洲，不畏艰险，从未停息。1820 年 1 月 30 日英国人布兰斯菲尔德看到了南极大陆。这是有记载的人类第一次与南极"亲密接触"。尽管这一说法也存在争议。

　　1772 年起英国的库克船长历时 3 年 8 个月，航行 97000 千米、环南极航行一周，几次进入极圈。库克船长是南极探险的先驱，但却始终与南极大陆失之交臂。

　　虽然谁是第一个发现南极洲的人众说纷纭，但根据各种史料记载，在 1820 年到 1821 年间，沙俄人别林斯高晋和拉扎列夫、英国人布兰斯菲尔德和美国人帕尔默先后发现了南极大陆。

　　1819 年率船到南极，沙俄人别林斯高晋和拉扎列夫带领探险队环南极大陆一周，1820 年 1 月 27 日，到达了距离南极大陆 32 千米的地方，看到了大陆附近的冰原。英国的地图绘制者则称，皇家海军的布兰斯菲尔德在 3 天之后，也就是 1820 年 1 月 30 日，看到了南极大陆。

　　美国称据史料记载，第一个踏上南极大陆的人，是美国的一个海豹捕猎船的船长约翰·戴维斯。他于 1821 年第一个登上了南极大陆。

　　此后，众多的探险家开始陆续踏上南极大陆，开始了他们的探险之旅。

　　时光荏苒，人类现在已经进入了一个新的科学探索南极的阶段，十几个国家的科考站分布在南极边缘，各样的科考活动一个接一个。人类对南极的认知愈来愈清晰全面、完整、系统。

船长库克探险南极

这是"未知大陆"吗

1768 年，英国皇家科学院决定到南太平洋塔希提岛进行金星运行情况的观测，并且要求海军部派船执行这次任务。实际上，观测金星运行，只不过是一种借口而已，其真正的目的和具体目标是要发现南方大陆，然后把这块新大陆归并于不列颠帝国。皇家科学院没有资金，无力派出探险队，而资金雄厚的海军部，从未把探险队的任务仅仅局限于纯粹天文观测的狭窄范围里。

而此时的英国已经控制了大西洋的主要航道，并在印度洋占有牢固的阵地，然而英国人的对手法国人并不认为自己已在海洋上最后失败，太平洋还是个空白，其南部水域可能存在一片辽阔的陆地——南方"未知大陆"。1766 年，法国人布干维尔率探险队进入太平洋，使英国政府大为震惊。因此，英国海军部的首要任务是阻止其他海上强国占领那块新陆地，并在太平洋的主要航道上设置英国据点或基地，以便确立不列颠帝国在太平洋上的控制权。

英国海军部非常清楚，为了发现南部海洋上的陆地，并把它加以正式占领，新派出的探险队领导人必须是一位富有经验的海军航海家。于是，库克这位出身贫贱、40 岁才晋升到中尉军衔的人脱颖而出，担当了这次远航的指挥官。

1768 年 7 月 30 日，库克亲自选中了一艘三桅帆船"持久"号，该船重 370 吨，有船员 84 名，配备有 22 门大炮，同时载着几名学者。经过 8 个月的航行，他们到达了塔希提岛。从 1769 年 6 月 3 日起，他们对金星进行了一个月的观察，观测到金星经过日的视面时的全部金相。天文考察结束

库克铜像

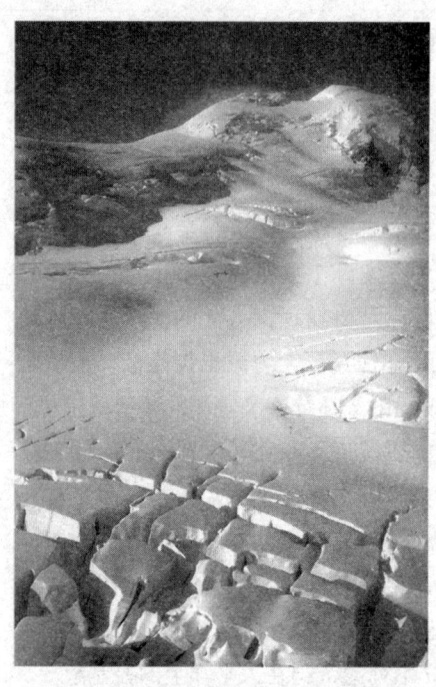

以法国探险家塔斯曼命名的塔斯曼冰川

后，库克按照指令开始在塔希提岛以南的南纬35°～40°之间的海面上探寻南方大陆。

此时，南太平洋已经进入秋天，气候变得非常恶劣，"持久"号经常处在大风浪之中。到达南纬40°后，眼前仍是茫茫大海，没有看见任何陆地影子。10月7日，库克决定转舵向西航行。次日，在南纬39°31′、东经177°附近，他们驶进一块地图上未曾标出的陆地。实际上，早在1642年，法国探险家塔斯曼就发现了这块陆地（新西兰），但他当时未弄清这个岛的真实情况，误认为是南方"未知大陆"的北部海角。库克和他的军官与同行学者，经过长时间的激烈争论后，勉勉强强地取得了一致意见，认为他们所发现的这块陆地，就是南方"未知大陆"。

1769年11月15日，库克庄严地宣布，这块陆地属于不列颠的领地。从1769年11月18日至1770年3月27日，库克的航船先后抵达"未知大陆"的北端、南端，最终完成了两岛的环航，从而证实了新西兰地区并不是南方"未知大陆"的一个突出角。

弄清新西兰的真面目后，在强烈的探险欲望支配下，库克决定在修船之前到新荷兰（现在的澳大利亚）进行考察。

1770年4月21日，"持久"号到达塔斯马尼亚的东南角，然后转向北航行。为了避风，库克把船锚泊在巴塔尼湾，并准备登岸寻找补给品。但由于当地土著居民对白人怀有戒心，用棍棒和刀箭来迎接他们，库克只好沿新荷兰东北海岸航行。

6月22日，库克穿过布满无数珊瑚礁（澳大利亚东岸附近的大堡礁）的危险航区时，不幸触上一个暗礁，虽然避免了一场船毁人亡灾难的发生，但不得不停泊了几个星期来修复被破坏的船。

8月4日,"持久"号再次长途航行,路经约克角时,库克在这个海岛上升起了英国国旗,正式宣布自南纬 10°~38°,所发现的地区为英国领地,并称之为新南威尔士。

1771年7月12日,库克回到英国,终于完成了持续近3年的第一次环球航行。

功亏一篑的南极之行

库克的首次环球航行证实,新西兰并不是南方"未知大陆"的组成部分。为了寻找"未知大陆"和完成其他一些任务,贪婪的英国政府又派出了第二个探险队,库克为总指挥。海军部给库克装备和提供了两艘独桅船,一艘名为"决心"号,由库克亲自指挥,另一艘为"冒险"号,由托拜厄斯·弗尔诺指挥。

1772年7月13日,"决心"号和"冒险"号正式起航奔赴南大洋。12月10日,库克在南纬 50°40′ 附近的海面上,首次看到了漂浮的冰块。此后,他又遇到一大片浮冰。这时,库克不得不绕道而行,以便尽快深入到极地附近。然而,不幸的是,天空突然出现风雪天气,同时浓雾弥漫,航船只能在冰山之间迂回航行。

12月13日,"决心"号到达1739年法国人布维特发现一个海岛的纬度线上(布维特认为该岛是"未知大陆"的北端)。为了查证这是一个海岛,还是"未知大陆"的边陲,1773年1月1日,库克西航至布维特之地的经度,他既没看到海岛,也没发现存在大陆的任何迹象。这时,库克怀疑布维特是否真的看到了那块陆地,是不是一个周围环绕着不坚实冰的巨大冰岛。于是,他掉转船头向南驶去。

1773年1月17日中午,库克的航船在东经 39°35′ 附近海面上穿过了南极圈(南纬 66°33′),这是人类历史上第一次越过南极圈的航行。由于船遇到了坚冰,库克登上桅杆远望,找不到任何可向南航进的通道,只得决定暂时后退。

2月8日,天空没有一丝云彩,但由于浓雾迷蒙,结果两艘船走散了。库克在这一海区漂游了两天,也没等到"冒险"号,就掉转船头向东南方向驶去，一直到 2 月 26 日，到达南纬 61°21′、东经 97°的海域受到坚冰阻挡，库克决定向北撤退。他在南纬 58°~70°之间的海域一直徘徊航行到 3 月 17 日，库克才决定径向新西兰行进。

3 月 26 日，库克指挥的"决心"号航抵新西兰南海岸的达斯基——萨翁德湾（为了纪念库克的航船在这里停泊过，该海湾被命名为决心湾；音译为雷索柳申湾）抛锚休整。"决心"号在驶离好望角后的 117 天的航程中，未发现任何一点陆地的迹象。到 5 月 11 日，"决心"号驶出达斯基——萨翁德湾。5 个星期后，在查罗塔女王海峡（现在的库克海峡）与在这里等候了 5 个星期的弗尔诺指挥的"冒险"号会合了。

6—7 月间，探险队考察了新西兰以东至西经 133°30′、南纬 39°~47°之间的海域，没有发现任何陆地。10 月 7 日，航船到达汤加，不久，又启程向新西兰驶去。10 月 30 日，因强劲海风的阻拦，两船在库克海峡东部入口处再次走散。此后，两船再未会合，直到返回英国为止。

11 月 26 日，库克离开新西兰海岸，向南和偏东南航进。12 月 18 日，大雪纷飞，浓雾笼罩，库克再次越过了南极圈。12 月 23 日，库克在南纬 67°20′、西经 137°20′的海域遇到了一条不可逾越的冰障，再加上伸手不见五指的浓雾，使他暂时停下来。这时，库克命令"决心"号暂向北退到南纬 47°51′处。不久，库克又向南挺进，于 1774 年 1 月 26 日，在西经 109°31′处库克第三次进入南极圈。到 1 月 30 日，库克航行到南纬 71°10′、西经 106°54′附近的海区，即后来被命名为阿蒙森海的海域。这是当时最南航行的纪录，在以后的 60 年间未曾被打破。这里距离南极大陆最近的一个突出角（阿蒙海海边的捷尔斯敦半岛）只有 200 千米了，但是，他却功亏一篑，在此停止了南下的征程。

库克转舵向北航行，途经复活节岛、马克萨斯群岛、土阿莫土群岛、塔希提岛。在前往汤加群岛途中，发现了有人居住的海岛，称之为萨维兹岛（意为野蛮岛），当地人称它为纽埃岛。8 月 31 日，库克环绕圣埃斯皮里图岛航行一周，该岛是新赫布里底群岛北部的一个大岛。这样，库克完成了对这个群岛各岛屿的全部"发现"工作。

11 月 10 日，"决心"号离开新西兰的科拉贝尔港，再次起航朝东南方向行驶，一直行进到南纬 55°的海区，然后又径直向南驶去。在南纬 53°~56°之间横穿太平洋，考察了火地岛，并有一些新的发现被标在海图上。

1775 年 1 月 16 日，库克在西经 38°30′附近找到西班牙人 1756 年发现的、英国人亚历山大、达尔斯普尔到过的一片陆地。次日，库克登岸并竖起了一面不列颠国旗，宣布它为不列颠的领地，并以英国国王的名字把它命名为南乔治亚岛。这是一片未经人们开拓的自然条件异常严酷的陆地。经过绕行一周的考察，确认它是一个不大的岛屿。他在朝东南方向眺望时，看到了一片陆地，但很快消失在迷雾中。

1 月 23 日，库克驾船驶向这片"陆地"，然而，他新发现的只是一些岩石小岛，于是，他把这些小岛称之为克拉克岩石岛群。

1 月 28 日，船抵达南纬 60°4′、西经 29°23′处。库克遇到了大量漂游的"冰岛"，船无法前进了，只好转头朝北航行。三天后，他看到了一条海岸，岸边雄伟的高峰直插云端，上面覆盖着白皑皑的冰雪。经过察看，库克认为，他所发现的海岸线或许是一个岛群，或许是南方"未知大陆"的边陲，所以他把这片陆地称为桑威奇地，其最北端位于南纬 57°，最南端位于南纬 59°13′。库克把最南端称为南图勒，因为这是人们发现的最南面的一片陆地。他在 2 月 6 日还未探测完桑威奇地就已假想这片陆地可能是南方"未知大陆"的一个突出角。

此时，库克考虑到短促的南极夏季快要结束，于是就调整航向朝东北方向航行，经开普敦，于 1775 年 7 月 29 日回到英国，结束了为期 3 年零 17 天的第二次环球航行。

知识点

大堡礁

大堡礁，是世界最大最长的珊瑚礁群，位于南半球，它纵贯于澳洲的东北沿海，北从托雷斯海峡，南到南回归线以南，绵延伸展共有 2011 千米，最宽处 161 千米。有 2900 个大小珊瑚礁岛，自然景观非常特殊。大堡礁的南端离海岸最远有 241 千米，北端较靠近，最近处离海岸仅 16 千米。在落潮时，部分的珊瑚礁露出水面形成珊瑚岛。在礁群与海岸之间是一条极方便的交通海路。风平浪静时，游船在此间通过，船下联绵不断的多彩、多形的珊瑚景色，就成为吸引世界各地游客来猎奇观赏的最佳海底奇观。1981 年列入世界自然遗产名录。

别林斯高晋的发现

接近南极大陆的俄国人

1819 年，俄国海军部派遣别林斯高晋和拉扎列夫率领的探险队在南极地区最近的地方进行发现航行，以便获得有关地球的最新知识。此外，海军部还特别指示他们，只有在碰到不可克服的困难的情况下，才可放弃这种努力，而且还要观测某些可能对俄国海军行动有价值的情报。

别林斯高晋

1819 年 7 月 16 日，别林斯高晋指挥"东方"号（900 吨）、拉扎列夫指挥"和平"号（500 吨）离开喀琅施塔得港，朝大西洋驶去。同年 11 月，他们到达南美巴西首都里约热内卢，经过补给后，向南航行。这两艘靠风驱动的帆船，驶入南纬 40°，受到第一次重大考验。因为在南纬 40°～50° 之间的洋面上，不停地刮着猛烈的西风。狂风掀起 20 多米高的巨浪，猛烈的压向甲板。人们通常把这股强劲的西风称作"抢劫的西风"。把西风所处纬度称作"咆哮的 40°"、"发疯的 50°"。经过艰难的航行后，"东方"号和"和平"号最终抵达了南乔治亚岛，他们在 12 月 28～30 日考察了这个海岛的南部海岸（岛的东北海岸，库克在 1755 年就考察了）。在此，他们发现了一个小岛，并以"和平"号船上的军官阿宁科夫的名字命了名。

之后，"东方"号和"和平"号离开南乔治亚岛向东南行驶，别林斯高晋想找到桑威奇地的最北部分。虽然当年库克仅从西部对这一发现作了调查，但没有确定它究竟是一连串海岛，还是南方"未知大陆"的北端半岛。"东方"号沿其东海岸航行，找到了库克的疑问的答案。别林斯高晋在库克发现的坎德尔马斯群岛以北发现了三个小火山岛屿，并分别以"东方"号的三位军官的名字命名，它们是列斯科夫岛、托尔松岛和扎瓦多夫斯基（别林斯高晋的主要助手）岛。这三个岛与库克发现的桑威奇地，构成了现今的南桑威奇群岛。从 1820 年 1 月 3 日至 18 日，别林斯高晋对该群岛调查后指出，它不是南方"未知大陆"的一个半岛。

俄国人首次确定了南桑威奇群岛与南大洋中其他岛屿和礁石之间的联系，指出这里存在一条海底火山带，它位于南纬53°~60°之间，并在大西洋西部海域延伸 2500 多千米。这是一个重大的地理发现，这条海底山脉现在被称为南大西洋海底山脉。

1820 年 1 月 15 日，一个少有的晴天，两船驶抵南图勒。他们看到，这块陆地由三个高耸的岩石岛屿组成，岛上覆盖着永不融化的冰雪。于是他们认为他们已经离"未知大陆"不会十分遥远。

"东方"号和"和平"号从东面绕过一座冰山之后朝东南方向前进。1 月 26 日，两船首次越过南极圈。

在这段航行中，两船共 3 次穿过南极圈。2 月 2 日，他们到达本次环球航行的最南位置——南纬69°25′、西经1°11′。但他们没有发现南面 53 海里的毛德皇后地海岸。120 年后，挪威的捕鲸者曾经到这段海岸，并把它命名为现在的名字。

"东方"号和"和平"号企图从东面绕过这些无法逾越的冰障。虽然他们派出的帆船在 2 月 21 日和 25 日分别在东经 19°和 41°穿过南极圈。但是，和第一次一样，却未能向南推进到更远的地方。

随后，短促的南极夏季即将结束，"东方"号和"和平"号根据事先计划暂时分开航行。"东方"号沿库克航线以北 3°航行，"和平"号沿弗尔诺航线以南 3°航行，为的是调查库克与弗尔诺于凯尔盖朗岛附近航线之间的海域。别林斯高晋希望重新找到皇家公司岛。据说西班牙的拉费洛发现过该岛，并由阿罗史密斯把它绘制在海图上，其位置是南纬49°30′、东经143°4′，但是，该岛并不存在。经过近一个月的航行，"东方"号于 4 月 11 日、"和平"号于 4 月 18 日抵达澳大利亚的杰克逊（悉尼）港。

对亚历山大一世地的发现

"东方"号和"和平"号在杰克逊港停留了一个月以后，两艘船开始到太平洋热带水域进行了大规模的调查。当船航行到土阿莫土群岛时，他们发现了一些有人居住的珊瑚岛，并以 1812 年卫国战争时期的国务活动家、军队统帅和舰队司令的名字分别命名了这些位于土阿莫土群岛的中部和西部岛群之中的岛屿。别林斯高晋把它们统称为罗西扬群岛。之后，他们在热带太平洋调查后回到杰克逊港。

10 月 31 日，两船离开杰克逊港向南行驶，朝着库克未曾到过的新西兰以南的高纬度区前进，再次向南极冰雪大陆进发，途经位于南纬 54°37′、东经 158°51′的马阔里岛。他们在向南推进的过程中，开始时航行情况正常，一切都十分顺利，但是到 12 月中旬，他们遭到一场强风暴的猛烈袭击，天昏地暗，60 米以外的地方什么也看不清，强劲的阵风卷起了恶浪如同小山一般。

在这次航行过程中，他们曾三次越过了南极圈，其中两次航行到离南极大陆很近的地方。第三次向南航行时，陆地的明显迹象呈现在他们的面前。1821 年 1 月 22 日，探险队的帆船已行进到南纬 69°22′、西经 92°38′。在此，他们遇到了冰障，不得不再次退回来，继续向东航行，几个小时后，他们终于看到了海岸线，并且，他们用俄罗斯舰队的创始人彼得一世的名字命名了这个新发现的海岛。

由于冰情严重，他们无法接近彼得一世岛，只好沿着冰缘继续航行。1821 年 1 月 28 日，俄国人从两艘船上均望见南方有一片地势很高的陆地。从"和平"号船上望去，他们看到的是一个高耸入云的海角，一条狭窄的地峡把它与一条不高的山脉联结在一起，山脉是向西南延伸；从"东方"号船上望去，他们看到的是一条山岳的海岸线，岸上覆盖着厚厚的白雪，然而，山崖和峭壁上没有积雪。别林斯高晋把它命名为亚历山大一世海岸。

俄国人发现这片陆地后的 125 年，龙尼领导的美国探险队考察了这个地区，从而确认这里有一条又长又窄的海峡——乔治六世国王海峡，它的北端终止于绍卡利斯基海峡，西端终止于龙尼湾，长约 500 千米。这条被冰封冻的海峡，把新发现的陆地与南极大陆截然分隔开来，亚历山大一世地，就是现在的亚历山大一世岛。

亚历山大一世地位于南纬69°~73°、西经68°~76°之间。由于附近的水冻结成厚厚的冰层，俄国的航船无法冲向该地的陆岸边缘。别林斯高晋在这个新发现的陆地北面绕过一座冰山，向东驶去了。他穿过太平洋最东南部的海区——现在这个海被称为别林斯高晋海，然后驶进德雷克海峡，以便在这条海峡里寻找1819年2月19日英国海豹捕猎者威廉·史密斯发现的新设得兰地

亚利山大一世地

（现在的利文斯顿岛），史密斯当时把它误认为是南方大陆的一个突出角。俄国探险队考察了这块陆地，并证实它是一个群岛，位于雷德克海峡东北偏北约600千米的海面上。他们还以俄国卫国战争时期以及以后反对拿破仑一世而进行多次远征的将士们的名字命名了南设得兰群岛的诸岛。

1821年2月11日，当别林斯高晋发现"东方"号帆船若不大修就无法在高纬度海区航行时，他决定掉转船头向北航行。在南设得兰群岛附近，俄国人见到了美国"英雄"号捕鲸船船长纳撒尼尔·帕尔默，后来，美国学者以此为主要依据，说帕尔默是第一个看到南极大陆的人。"东方"号和"和平"号于1821年8月5日回到喀琅施塔得港。两船在历时751天的航行中，其中有527天是在张帆航行。按其地理发现成果而言，别林斯高晋和拉扎列夫的航行是19世纪的最伟大的事件之一。

知识点

西风带

西风带是位于副热带高气压带与副极地低气压带之间（大致在南北纬30至60度之间）的行星风带。副高向副极地低压散发出来的气流在地转偏向力

的作用下，偏转成西风（北半球为西南风，南半球为西北风），因此西风是在西风带的盛行风。在其控制地区，西风一般比较强劲，海洋上风浪较大，陆地迎风坡地带温和多雨。

南设得兰群岛的发现

史密斯的第一次南极之行

第一个发现南设得兰群岛和特里尼蒂地的人是英国人威廉·史密斯。1790年10月11日，史密斯出生于锡顿斯卢斯。1812年，开始担任"威廉斯"号的船长。此后几年，他一直跑南美航线，装卸货物。

1819年1月中旬，"威廉斯"号离开阿根廷的布宜诺斯艾利斯，驶往智利的瓦尔帕莱索。船经过马尔维纳斯群岛后，史密斯碰上了逆风，使他不可能绕过合恩角。德雷克海峡令人生畏，一般的船长，由于害怕冰的威胁，尽量避免向南走得太远。史密斯曾在格陵兰捕鲸业中干过，因此，他对冰不太害怕。他的船坚持向南，然后向西，在高纬度海区中行驶。

1819年2月19日拂晓，史密斯在南纬大约62°处见到了南设得兰群岛。因为当时正刮着烈风，史密斯机智地向北行驶。20日上午，风力减弱，能见度较好。史密斯驾船向南，沿南偏东方向向陆地行驶。中午时分，他的位置在南纬62°17′、西经60°12′，其南偏东方向有一突出的陆角（可能是威廉斯角），距离约12海里。

靠近海岸时，史密斯见到海岸附近有许多岩石、浅滩，于是，他改变了航向。下午4时许，陆地的方位是南南东到南东偏南——很可能是从利文斯顿岛上的威廉斯角及其后面的冰原岛峰到格林尼治岛上的格里弗斯峰、克拉奇峰和劳埃德山。

由于担心大风再来，他不敢再靠近了。于是，史密斯张开船上所有的风帆，向北驶向智利的海港瓦尔帕莱索，再访南设得兰群岛。

1819年9月底，"威廉斯"号从蒙得维的亚起航。第四天，史密斯驶过了合恩角。因为他想再次去新发现的大陆，于是就朝南南东方向行驶。这天下午6时，他到达与2月19日的位置差不多的地方。他看见陆地的方位是南东偏东，距离约 9 海里。他向该陆地驶去，当群岛处于东偏南方位、距离 4 海里时，他测得的水深为 730 米，底质是黑色的细沙。

第二天早晨，史密斯再次向该岛行驶。天气十分晴朗，史密斯见到了方位为东南方，距群岛 9 海里的大陆。该大陆从合恩角开始沿北和东方向自然地向东伸展。他派大副和船员乘一艘小艇登岸。在岸上，他们竖起一块牌子，上面刻有英国国旗的图案和一段题词。船员们欢呼雀跃，庆祝以大不列颠国王的名义占有了该岛。起初，这块大陆被命名为"新南大不列颠"，后来有人提出，这个名称可能与其他地方的名称混淆，为此，史密斯将它改称为南设得兰群岛。

史密斯在他的备忘录中说，该地非常高，被雪覆盖着。在船的周围，有大量的海豹、鲸和企鹅等。

在沿着乔治王岛、纳尔逊岛、罗伯特岛和格林尼治岛向西和向南航行过程中，史密斯一直盯着海岸。不久，他就发现，这是一群岛屿，而不是大陆。

史密斯沿海岸航行了 150 海里，10 月 18 日，看到另一个海角，比他见到过的陆地高得多。这是史密斯岛，高 2280 米，当时他命名它为"史密斯角"，其经纬度是南纬 62°53′、西经 63°40′，而在迈尔斯的海图上，该岛向东南延伸约 45 海里，向西南延伸约 30 海里。实际上，该岛的长度不足 20 海里。

至此，史密斯认为，他已经勘测了 250 海里长的海岸（实际上不足 160 海里），他的目标已经达到。因此，他决定返航，并于 1819 年 11 月 24 日回到了瓦尔帕莱索港。

史密斯的第二次南极之行

从 1819 年 12 月 19 日至 1820 年 4 月 15 日，史密斯和爱德华·布兰斯菲尔德进行了一次南极航行。

1819 年 12 月 19 日，史密斯和布兰斯菲尔德看到了利文斯顿岛上的希莱夫角的陆地，然后向西南方向行驶了 25 海里，再掉转船头，沿从北福兰角到梅尔维尔角的新设得兰北海岸航行，一直到利文斯顿岛上的巴纳德岛。因此，他们几乎绕这个岛群的大部分走了一圈。然后，"威廉斯"号向南航行，见到了迪塞普申岛，但没有仔细考察。

1820 年 1 月 30 日，他们见到了陶尔岛，高 330 米，后面是高达 1980 米的格雷厄姆地的特里尼蒂半岛的大陆。布兰斯菲尔德的海图上把它称为"部分被雪覆盖着的特里尼蒂地"。然后，船向南和东绕过陶尔岛，注意到沿岸有一些岩石。

他们继续向东航行，在航线以南的靠陆一侧，他们在海图上标为"被雪覆盖的高山"。他们指的是近 830 米高的布兰斯菲尔德山。在此后向北的 60~70 海里的航程中，没有什么发现。

他们继续向北，见到了象岛，该岛的西北海岸很危险，因为其周围有锡尔岛和许多暗礁。他们在象岛的北海岸外测得水深为 327 米，底质粗糙。然后，他们沿克拉伦斯岛的东海岸，一直航行到该岛南端的鲍尔斯角。

此后，他们向东一直航行到西经 50°，近 2 月底，又向南航行到南纬 64°46′。他们再没有发现新的陆地。1820 年 4 月 15 日，他们回到了瓦尔帕莱索港。

 知识点

合恩角

合恩角，智利南部合恩岛上的陡峭岬角。位于南美洲最南端，以 1616 年绕过此角的荷兰航海家斯豪滕的出生地霍恩命名。距此西北 56 千米的奥斯特岛的假合恩角，有时被误认为合恩角。合恩角洋面波涛汹涌，航行危险。终年强风不断，气候寒冷。

美国人的探险

纳撒内尔·帕尔默出生于 1800 年，美国康涅狄格州的斯托宁顿人。他的父亲是一个造船工。帕尔默在 12 岁的时候就开始了航海生涯，当时还处于美英战争时期。1814 年战争结束后，他受雇于新英格兰的沿岸贸易公司。19 岁时，他成了一艘斯库纳纵帆船的船长。

几个月后，当谢菲尔德船长率领"赫西利亚"号船驶向南设得兰群岛时，年轻的帕尔默担任二副。

1820 年，帕尔默受命指挥"英雄"号单桅纵帆船，作为"赫西利亚"号的供应船。整个船队共 8 艘船，航行的目的地还是南设得兰群岛。

1820 年 11 月，帕尔默从南设得兰群岛出发向南航行，他此次航行的目的是找到更多的捕猎海豹的海滨。到达迪塞普申岛后，他于 11 月 6 日向东南方向驶往格雷厄姆地的大陆。11 月 17 日深夜，因逆风，帕尔默将船停在离该大陆不远的特里尼蒂岛附近。第二天凌晨 4 时，他发现了一条海峡，海峡中充满了冰，海岸难以接近。这里很可能是隔开特里尼蒂岛和大陆的奥尔良海峡的入口处。但是，帕尔默认为再继续冒险深入是不慎重的。于是，他拨转船头向北行驶，穿过布兰斯菲尔德海峡后，于 11 月 18 日凌晨 2 时，回到了南设得兰群岛的利文斯顿岛。

帕尔默显然相信他已经找到了南方"未知大陆"，并将他的发现公布于众。5 个月后出版的一张地图，把这块陆地称为帕尔默地。

但是，对于帕尔默首先发现了南极大陆一说，历史学家一直有争议。斯塔克波尔撰文认为，帕尔默只见到了南设得兰群岛的利文斯顿岛的南海岸。英国人认为，乘坐"威廉斯"号的布兰斯菲尔德于 1820 年 1 月见到在奥尔良海峡附近的大陆上的白雪覆盖的山峰，黑色的岩崖和多石的海滩。当时的大多数历史学家都同意，布兰斯菲尔德曾在南设得兰群岛和大陆之间的海峡中航行，并观察到后来被帕尔默看到的岛屿。英国海洋和极地历史学家琼斯认为纳撒内尔·帕尔默确实在那些水域中航行过，不过已经比史密斯和布兰斯菲尔德两位探险家晚了 10 个月。

南极大陆探险

南极大陆的发现，不是一两位探险家所完成的，而是若干探险家前仆后继努力的结果。继别林斯高晋、史密斯、帕尔默等之后，又有一批探险家对南极大陆进行发现，并且做出了不朽的贡献。

英国恩德比公司的一名船长、皇家海军的老兵詹姆斯·威德尔于 1822 年底率领两艘小船从南乔治亚岛出发，航行到后来以他的名字命名的危险的威德尔海，创造了最往南的 74°15′ 的纪录，打破了库克当初创造的 71°10′ 纪录。

当时的天气格外的好，天空晴朗，气候温和，两艘小船在这一带海洋上多次自由航行，但没有发现任何陆地迹象。如果在平常的年份，威德尔的两艘小船决不能航行到如此之远。威德尔未能继续向南挺进，原因不是南极浮冰的阻挠，而是由于逆风所致。他在这个高纬度海区航行过程中，仅仅看到了三四座漂移的冰山岛屿。现在人们业已证实，威德尔海是大西洋最南面的一个海区，它深深地嵌入南极大陆。

威德尔海

恩德比公司的另一名船长约翰·比斯科渴望证实他的一种理论：南极洲不是一块新大陆，而只不过是一些巨大的海冰。1831—1832年，按照公司下达的任务，他在南极海域完成了一次环极航行。比斯科率领方帆双桅船"图拉"号和汽船"莱夫利"号两艘小船从马尔维纳斯群岛出发朝东南方向行驶。1831年1月，他在经度零度线处越过南极圈，其后一直往东行进到南纬70°线，到达东经50°处。2月底，他在南极圈附近的海区发现了一个地势很高的"岛屿"——"恩德比岛"，实际上这不是一个海岛，而是南极大陆的一个突出部分——恩德比地。

比斯科还看见了亚历山大一世地东北方向的阿德莱德岛，再往东北方向行进时，又发现了一个不大的群岛，并以他的名字命名了这个群岛。这个群岛后面，便是南极半岛的格雷厄姆地了。比斯科在这个群岛的一个岛上登陆，并把它宣布为英国的领地。后来，他驶向马尔维纳斯群岛，从而结束了这次环极地航行。

此外，恩德比公司的另一些捕鲸船长，对南极大陆也有一些发现。例如：1833—1834 年的南极夏季，彼得·肯普船长在驾驶"磁石"号在恩德比地以东，发现了一条高达 2000 米的海岸线，并以他的名字命名为肯普地。1839 年 2 月，约翰·巴勒尼船长带领两艘航船南航至南纬 69°、西经 172°海区，然后向西行进，发现了一座正冒浓烟的火山。他继续朝西北方向进发，几天后在东经 165°～162°之间的海面上又发现了三座小火山岛，巴勒尼登上了其中的一个。后来这三个岛被命名为巴勒尼群岛。

迪尔维尔的发现

1837 年 9 月底，法国著名的航海家、曾两次完成环球航行的迪蒙·迪尔维尔按路易·菲利普国王的旨意，率领两艘 3 桅舰"天文实验室"号和"蔡利"号离开土伦，要打破威德尔创造的航行最南的纪录。4 个月后到达南大洋。指挥官迪尔维尔的高超的航海技术和英明果断决策使得这两艘不适合极地海域航行的小型护卫艇能够幸运地保存下来。

迪尔维尔率船企图驶过威德尔海，但被巨冰挡住了。于是，迪尔维尔掉转船头朝西北方向行进，以便穿过德雷克海峡进入太平洋，至此，他发现了若因维尔岛，一条封冻的海峡把这个岛与他所命名的路易斯—菲利普地

"天文实验室"号

一段海岸截然分开了（路易斯—菲利普地是格雷厄姆地东北的突出角）。迪尔维尔撤回太平洋，进行他提出的人种学考察。

不料，紧接着的是南极夏季使迪尔维尔决定再次向南极进发。这次是从

迪尔维尔

澳大利亚而不是从南美方向去接近南极大陆。1839 年年底，他航行到塔斯马尼亚以南很远的水域，在南极圈附近（东经 140°处）发现了一条高达 1000 米的海岸线，趁着天气好，"天文实验室"号船上的人们乘一只小艇登上岸边的岩石湾，升起三色法国旗，迪尔维尔就以他的妻子的名字阿德利将此地命名为阿德利地。因为他的妻子为了使他能完成远距离探险计划而三次同意和他长期而痛苦的分离。

登陆两天后，两船遇上了突如其来的凶猛风暴，"天文实验室"号的帆被风撕成碎片。暴风过后，他们竟意外地遇到了美国的威尔克斯船队的一艘船，两船船长都指责对方故意不发信号。威尔克斯的船长认为，迪尔维尔力图超过他，而法国人则用同样水平的指责，来回敬威尔克斯考察队。之后，法国船沿着冰崖前进了几天，但船上的情况正在恶化，连迪尔维尔本人也病了。由于大块浮冰的阻拦，他决定撤退，于 1840 年 11 月回到法国。

威尔克斯的发现

查尔斯·威尔克斯上尉领导的美国探险队，有 6 艘船，是这一时期中规模最大的南极考察队。"文斯尼斯"号和"孔雀"号是约 700 吨的军舰，"海豚"号是一艘约 200 吨的方帆双桅炮舰，"救济"号是一艘供货母船，"海鸥"号和"飞鱼"号是 100 吨左右的供给船。威尔克斯首次出发的目标是格雷厄姆地和威德尔海区，以寻找南磁极和鲸类资源。

1840 年 1 月，威尔克斯从澳大利亚的悉尼港起航向南磁极区域进发。1 月 15 日，他看到了巴勒尼群岛，之后，又指挥船队向西航行，在东经 140°附近，登上迪尔维尔发现的德拉德库福尔德角偏西处。尔后，继续向西想去恩德比地，然而，当他到达诺克斯地附近的东经 106°40′时，南极的夏季快过去了，他只好返回悉尼。他在这次航程达 2400 千米的长途航行中，多次看到南极大陆的山脉、海岸和海角，并以首次看到它们的船员的名字命名。

威尔克斯性格武断，处罚严厉，手下的船员被折磨得痛苦难忍。他成功地完成了他的使命，但返回美国后发现对他的欢迎极为冷淡，由于他的个性使他的探险成就黯然失色。但是，瑕不掩瑜，威尔克斯对东南极洲的"发现"，足以证实南极洲是一块大陆，而不是一个群岛。因此，在现今的南极洲地图上，把东经 100°～150°的广大陆地命名为威尔克斯地。

阿蒙森南极探险

我要去南极

1872 年 6 月 16 日，阿蒙森出生于挪威首都奥斯陆附近的一个农庄里。罗阿德·阿蒙森从年轻时候起就决心要成为北极探险家。虽然他按照母亲的愿望，成了大学医学系的学生。然而他对学医并不感兴趣，仍坚持要成为探险家，并且为此他尽可能地去适应一些艰苦的生活。

阿蒙森 21 岁时母亲去世了，从此他放弃了学医，来到商船上供职，打算获得船长的执照，以便将来自己指挥探险船。

1897 年，他作为大副受雇于"比利时"号奔赴南极洲。这是迪格拉奇船长率领的一次比利时南极探险，阿蒙森从这次失败的探险中吸取了不少教训。

迪格拉奇宣布探险队的主要任务是考察南磁极，然而，事与愿违，到了南磁极对面的格雷厄姆地，"比利时"号被封冻在浮冰里，随冰漂流了 13 个月。阿蒙森是船上唯独未患败血症的两人之一。这次探险一事无成，于 1899 年返回欧洲。两年后，阿蒙森受雇于一艘商船当船长。

后来，阿蒙森的老乡，挪威伟大的探险家 F. 南森，介绍了一位年轻的地磁专家诺迈伊尔教授，在他的帮助下建立了一支探险队。1903 年 6 月，阿蒙森同 6 名伙伴乘 47 吨的渔船"约阿"号离开挪威，他宣布要经西北航道西北航道，它是一条沿加拿大北面、从大西洋通向太平洋的航线。驶抵旧金山，途中还要进行地磁考察。

这次航行花了 3 年时间，在此期间，阿蒙森成了一名北极旅行的船长。

阿蒙森和他的探险船

他从爱斯基摩人那里学习如何靠海豹和海象肉生活，完成了用狗拉雪橇到北磁极的长途旅行，并成了一名真正的驾狗专家。

阿蒙森为人精明能干，他在为第二次探险筹集资金时没有遇到任何麻烦。现在，他计划绕北极区航行，从太平洋出发再回到太平洋，途中到北极点考察。

这次探险深受公众的关注，因为在此以前，虽然有许多人企图到达北极点，但无一人成功。南森很支持阿蒙森的这一举动，为他这次探险专门建造了一艘 392 吨的船，取名为"费拉姆"号。就在这时，有两则消息几乎同时传到挪威。一则是美国的罗伯特·E. 皮尔里于 1909 年 4 月 6 日到达了北极点；另一则是英国的沙克尔顿抵达南极高原，找到了通往南极点的实际路线。这突如其来的消息，对阿蒙森无疑是一个沉重的打击，因为皮尔里的成功意味着征服北极点已毫无意义。

此时，阿蒙森毅然决然地放弃了原来要花四五年时间环北极航行的计划，来了一个 180 度的大转向，决定要去南极点。他推测，沙克尔顿至少要离开一年多的时间，在这段时间里，他可能到达南极点。如果成功了，他就会不费劲地为北极漂流探险筹集更多的资金。

我正去南极

1910 年 8 月 9 日，"费拉姆"号从挪威起航，除个别人外，大家都认为阿蒙森是在去白令海峡，开始执行其北极漂流计划。当他掉转船头向南航行时也没有引起大家的疑心，因为那时巴拿马运河正在开凿之中。不过，阿蒙森很快获悉，他的另一个竞争对手——英国斯科特上校组织的南极探险队，已在两个月前就向南极进发了。

阿蒙森在航行途中，向船员们公布他将去南极的计划，并得到大家的一致赞同。他从马德拉拍了一封简短的电报给斯科特："我正去南极。"斯科特于 10 月 10 日在墨尔本收到了电报。这引起了英国新闻界一场轩然大波。

阿蒙森仔细研究了"发现"号和"好猎手"号考察队的报道，推断在鲸湾附近冰上建立基地是有可能的。沙克尔顿想这样做，但没做到，原因是 1902 年和 1908 年冰的地理位置的变化。阿蒙森对冰情变化颇有经验，他认为 1902 年的冰情反常，而 1908 年的冰情属正常。如果 1911 年仍然正常的话，他就打算把基地建在这里的冰上。

在出航前，阿蒙森就委托一个了解他的意图的人，为他准备了 102 只格陵兰拉雪橇的狗。

1911 年 1 月 2 日，"费拉姆"号穿过了南极圈，并在同一天抵达浮冰区。而在四天前，他们在开阔水域和罗斯海中航行时，首次使用了回声测深仪，探测海水深度。1 月 4 日，他们到达无浮冰的开阔的鲸湾。

阿蒙森他们在离冰缘几千米处安装起房屋，并且从 1 月 16 日开始从船上卸货。这个基地命名为"费拉姆之家"，在离船不远处，建立了临时的狗舍。当时已有 116 只狗了，因为在航行期间又出生了几只小狗。在卸货期间，人们就开始猎取海豹和企鹅来作为人和狗的食物。

2 月 4 日，斯科特的船"新大陆"号来访，斯科特不在船上，船由彭内尔中尉指挥。阿蒙森还到"新大陆"号船上和他们共进午餐。彭内尔是在寻找第二沿岸队的登陆地点，似乎谈不上斯科特与阿蒙森之争。

从"费拉姆"号船上卸下最后一批补给品之后，阿蒙森就离开营地去布设第一个仓库。他打算自南纬 80° 开始，沿东经 163° 往南，每一纬度布设一个仓库。阿蒙森的旅程安排与斯科特或沙克尔顿的安排大不相同。在旅行中，他带着 4 人和 3 架雪橇，每架雪橇带有 6 只狗组成的一支狗队。在出发时，人们穿上毛皮衣服，途中热了就换上防风衣。

除了启动雪橇，阿蒙森的人从不拉雪橇。走在前面领头的那个人，向狗发出前进、停止和转向的信号。队员们轮流当领队，其余的人在雪橇旁滑雪前进。

2 月 14 日，阿蒙森到达南纬 80°，阿蒙森在这里卸下食品，建立起仓库，然后返回，又走了 55 千米。这样，一天中，他们共走了 73 千米，还设下了一个仓库。

仓库是按同一计划建立的，把一些燃料、食品用雪堆高，上插黑旗作标记，在仓库的东西南北都插上黑旗，每面旗标出到中心的距离。阿蒙森在从南纬80°返回路上，把剩下的干鱼油切成厚片，放在雪上，作为返回的路标。

冬天到来之前，他们在南纬81°、82°建立了仓库，并把3吨补给品布设在返回南极点的仓库里，其中最远的仓库离基地384千米。

阿蒙森感到他处在优先的地位。他比在麦克默多海峡的任何基地到南极点的距离至少近96千米，而且这里周围有许多海豹和企鹅，可供人和狗食用。

到达南极点

1911年9月18日，5个人驾90只狗拉的5架雪橇来到南纬80°，布设最后的仓库。9天后，他们回到营地，完成了阿蒙森的最后计划。

阿蒙森认为，他以狗为动力，不仅可以跑得快，而且出发时间可提前。因此，如果能到达南极点，必定先于斯科特。"费拉姆"号预计在1月中旬回到鲸湾，阿蒙森计划3个月的极点之行，若在10月中旬出发，就能按时回来与船相会。

10月19日，罗阿德·阿蒙森、奥拉夫·布贾兰德、斯维里·哈塞尔赫尔默·汉森和奥斯卡·威斯廷5人离开费拉姆之家，开始了南极点的远征。他们在三天时间里就到达了南纬80°，每天平均行进38千米，但在穿过营地南面的险恶冰缝区时，布贾兰德掉进了冰缝，九死一生。他们前进的速度减到每天28千米。

11月2日，他们到达南纬82°，并从仓库取出所有物品。这些足足够用90天的物品，一部分要布设在前面的仓库里，一部分要带到南极点。这时，狗减少到46只。

阿蒙森把这次极地旅行，几乎看做是到风景区的一次旅游，而斯科特每前进一步，却看做是超人努力的结果。阿蒙森和斯科特所在国家和条件差不多，但阿蒙森在时间上明显提前的理由是，他是一位经验丰富的极地探险家，而斯科特却是一位经验不足的极地爱好者。

阿蒙森利用狗，用保温瓶带午饭，使他的速度比斯科特快得多，路上还照常休息；而斯科特的旅行，只有在不能前进时才临时休息一下，且人们不得离开帐篷。

阿蒙森的计划是，从南纬82°起，沿东经163°南下，在每个纬度上为返回旅行布设一个仓库。11月8日，他在南纬83°布设了第一个仓库，就在这一天，他们第一次看到陆地。在84°仓库的远处，两座新发现的山脉分别为南森山和佩德罗·克里斯托弗森山。佩德罗是阿蒙森的赞助人，阿根廷的第二大富翁。两山之间悬挂着几百米的冰川，以南森女儿的名字命名为利夫冰川。两山遥遥相对，从中看不到有任何通道。利夫冰川很陡，无法攀登。11月15日，他们爬上92米高的冰崖，并在顶上布设了85°仓库。

他们离开挪威15个月以来，第一次在南极大陆上留下足迹，并且到达了270米的高度，阿蒙森宣布这天休息。而他、汉森和威斯廷3人却去攀登营地南面的山丘。这座山用阿蒙森的姐妹的名字命名为贝蒂山。来到山顶，他们发现了一条通往南极点的路。

他们在一冰川的三角洲扎营。该冰川以另一位赞助者的名字命名为阿克塞尔·海伯格冰川。把他们的物品运到山顶共需要42只狗，但他们一到那里就宰杀了16只。

11月17日，开始登山，第二天，罗斯冰架就被甩到后面去了。晚上，他们在1200米高处扎营，在这一纬度相同高度的其他地方，温度应下降，这里却相反，温度上升了6℃，致使他们汗流浃背，只得脱下毛皮大衣前进。

11月19日，他们攀登到1580米的高度，到达阿克塞尔·海伯格冰川与利夫冰川前沿交汇处，其表面冰破碎和裂缝严重，在这里不得不暂时转运物品。他们设立了一个临时营地，狗都留下休息，而阿蒙森、汉森和威斯廷则滑雪橇到前面探路。

找到一条可通行的小路，他们就带着雪橇向上攀登，终于到达3340米高的极地高原。11月21日，阿蒙森宣布休息一天，然而，因为暴风雪的原因，这次休息一直延长到25日。

12天后，他们穿过称为"魔鬼舞厅"的冰缝纵横的区域。自从暴风雪袭击以来，天气一直阴郁多云，因此，阿蒙森靠着"准确的猜测"行进。9天后天晴了，当他核对他的位置时，发现正好处在计划的路线上。

12月7日，他们穿过沙克尔顿创造的南纬88°23′的纪录，此时可以说，没有灾难就无法阻止他们到达南极点。他们快速前进，食物充足，还有 18 只狗。

1911 年 12 月 14 日，他们到达南极点，设立的营地取名为极点之家。他们在地球的最南端共住了 3 天。南极点地处暴风雪席卷荒漠的高原中央，海拔 3360 米。

他们在南极点进行了连续 24 小时的太阳观测，确定出南极点的平均位置，并垒起一堆石头，插上雪橇作标记。帐篷搭在一旁，里面留下写给斯科特和挪威哈康国王的信。

12 月 18 日，他们带着两架雪橇和 18 只狗开始返回。1 月 25 日，阿蒙森等 5 人，乘 11 只狗拉的两架雪橇回到了基地费拉姆之家。1 月 30 日，挪威探险队乘"费拉姆"号船离开南极洲，3 月初到达澳大利亚的霍巴特。阿蒙森伟大的南极点的成功之行，全世界都为之喝彩。他的名字和业绩，也在极地探险的史册中永放光彩。

斯科特捐躯南极

向南极进发

阿蒙森首次登上南极点之后的第 33 天，英国的斯科特极地队也到达了南极点，但他们的经历和后果与阿蒙森相比，有天渊之别。

1904 年，斯科特完成首次南极考察回国后，就忙于四处讲演和著书立说。不久又与女雕刻家凯思琳·布鲁斯小组结了婚。1909 年 1 月，当他得知妻子怀孕后，强烈的家庭意识使他想重新组织领导南极探险队成为第一个到达南极点的人，以此来尽快晋升为将军。

与此同时，斯科特得到一则使他大为吃惊的新闻：曾是他手下的沙克尔顿，1909 年 1 月 9 日率领英国南极探险队到达南纬 88°23′的地方，离南极点只有 180 千米了。这则消息更加激起他重返南极的念头。

斯科特组织了当时最为庞大的南极探险队，包括 7 名军官，12 名科技人员，14 名海军士兵，并于 1910 年 6 月离开欧洲。

因为斯科特对用狗有偏见，而认为用机械运输有前途，因此，他这次带了三辆履带式拖拉机，而拒绝了南森让他用狗的建议。

1910 年 10 月中旬，斯科特在墨尔本收到阿蒙森拍给他的电报，但并没有引起他太大的注意。

"新大陆"号船长 57 米，吃水 5.8 米，总吨位 392 吨，最大航速为 6.5 节。1910 年 10 月 25 日，斯科特乘"新大陆"号离开新西兰。12 月 9 日，船进入浮冰区。漂浮的冰块、冰山封锁了航道，使前进十分困难。斯科特本想在圣诞节前赶到麦克默多海峡，但一直拖延到 1911 年 1 月 3 日，

罗伯特·斯科特

他们才来到克罗泽角近海，从望远镜中能看到他们上次设下的通信站。

第二天，来到罗伊兹角和冰舌之间的埃文斯角，斯科特决定在这里建基地，船靠在离岸 23 千米的固定冰旁后，立即开始卸货和设营。

到 1911 年 1 月 6 日，米尔斯有了两支狗队在运输，两天后，奥茨套上了一些马。一辆履带式拖拉机在冰缘破裂时掉入海里，但另两辆在从船到岸的冰面上拖运货物中，大显身手。到 1 月 21 日，一幢别具英国海军海岸建筑风格的小房，在埃文斯角落成了，所有物资也都卸运完毕。四天后，斯科特就带领着 12 人、8 匹马和 2 支狗队去布设仓库了。他们没有一个人

对南极探险人员来说，浮冰是很大的威胁

是新手。三周以来，他们每天工作 17 个小时，抽空吃饭和睡觉。事实表明，狗和马不可能一起齐心协力来运输，因为它们的前进速度不同，要使它们同步，既损狗又耗马。2 月 16 日，他们才到达南纬 79°27′，离斯科特计划在 80°的主仓库目标还差 67 千米。他深知，若继续往前走下

去，有可能遇到南极寒冷黑夜的危险，后果将不堪设想。于是，他们就在这里把一吨重的燃料、食品卸下雪橇，设了一个仓库，称为一吨营地，然后赶忙返回。

2月28日，鲍尔斯、彻里·加勒德和克林3人，带着5匹马去棚屋角。但由于浮冰的原因，直到6周后他们才回到埃文斯角基地。此次布设仓库的旅行，结果令斯科特极为不安，狗虽无伤亡，但带去的马无一剩下，况且又没有到达预定地点。

冬天来临了，只能带领他们在基地里进行各种准备工作：包装食物、训练马狗，制作、维修或改进雪橇、衣服和拖拉机齿轮等。

确定极地队人选

等到冬去春来，斯科特把人员分成4个支援队，每队4人，每队独立，但人员可以互相调换，拖拉机、狗和马在希望山以远使用。他计划用一个支援队从希望山返回，另3个支援队开始攀登比德莫尔冰川，大约上到半路，又一个支援队返回，从剩下的两个支援队中挑选出4人组成极地队，担负到达南极点的重任，其余4人返回。

每件事情都是按4人设计的，雪橇是由4个人拉着，帐篷睡4个人，炊具仅供4人用，每周定量按4人包装。

1911年10月24日，埃文斯上尉等4人驾拖拉机离开棚屋角开往南纬81°31′，在那里等待主队。但他们离开棚屋角只走了64千米，拖拉机的注油系统就坏了，只好被扔在雪地里。埃文斯留下马的饲料，拉着半吨补给品向约定地点前进。11月15日，他们到达胡珀山，并在那里设下胡珀仓库。

与此同时，斯科特和其他人于11月1日和2日离开棚屋角，途中见到拖拉机遇难，只是感到失望并没有感到意外，他们装好埃文斯丢下的饲料就继续前进。路上积雪松软，马踏破不结实的外壳，拉着雪橇几次掉进雪里。他们在11月15日到达一吨营地。他们补充了仓库的燃料和食品，对仓库进行了重建。斯科特计算，从此处往返南极点，需要每天平均24千米的速度。在后来的16天中，他也毫不费力地保持着这个平均速度，按时到达胡珀山。

11月24日，第一支援队返回，不是原计划的4人，而是改为2人返回，这是斯科特的临时决定。

他们隔一定的距离就杀马，并布设仓库，12 月 10 日到达比德莫尔冰川脚下。第二天，狗拉着主队取近路上了比德莫尔冰川，同时，第二支援队的 2 个人和狗队返回。

但是，这仅仅开始而已，道路险峻，地面崎岖不平，暴风雪随时可能袭击。但他们能够每天行进，只在经过最险恶的地方，才不得不分段运雪橇。同时，一共由 4 个人组成的两个支援队回去了，现剩下 8 人继续前进。斯科特停止了每天坚持平均速度的尝试，改为计时法，每天拉雪橇前进 9 个小时，加上装卸营地时间，每天平均工作 15 个小时，只在当天气不许可的情况下他们才休息。

圣诞节这天，斯科特完成了到达南极点的极地队的最后人选，改变了原来 4 人的想法，由 5 人代替。

南极捐躯

1912 年 1 月 4 日，极地队出发了。在之前，他们把雪橇砍短了，而且对滑动装置进行了修理。1 月 8 日，他们穿过沙克尔顿创造的最南纪录。此时，对斯科特来说，前途有两种：要么到达不了南极点；要么，到达了南极点，但可能回不来。但对斯科特来说，只有前进一条路可走。

1 月 16 日，他们到达了南极点，发现了一架帐篷，里面有一些被抛弃的工具和 3 条袋子，袋子里装着两打未开封的手套和袜子。另外，还有阿蒙森给斯科特的便条和一封信。阿蒙森在便条中请求斯科特把这封信转交给挪威国王。他们对这架帐篷拍了照片，并画出了它的图样，然后，升起了"可怜的被人欺辱的英国国旗"，并对这面旗也拍了照片。

他们在南极点呆了 2 天，重新确定了南极点的位置。测得的结果，与阿蒙森确定的南极点只差几百米。这个误差可能是仪器的误差引起的，也可能都不那么准确。

1 月 18 日，他们开始返回。对斯科特来说，他的愿望已成泡影，但他前面还有漫长的道路，还必须靠自己拉着补给品徒步走完。

虽然斯科特已经返程了，但是白天的工作量并没有减少。行进路上，既无欢乐又无歌声，只是每天 9 小时的艰难跋涉，同时，队员们的伤也是非常令人担忧的。

2月7日，他们回到比德莫尔冰川的源头，从仓库里捡起只够用3天半的定量，奔向该冰川半路的云标山。食品太紧张了，3天半的食品，他们却用了6天。因为他们跨越支援队曾受阻的险恶的冰缝区，行进缓慢，最终到达了云标仓库，取出了4天的食品和一些地质样品。

斯科特等人蹒跚地走着，终于来到了南冰障仓库，本想吃个饱的队员们却发现油桶的焊锡已经被冻裂，煤油全部流失。这时，斯科特第一次对他们是否能回到基地感到怀疑。此时，他们的煤油只够用5天了，所以除非他们加快步伐，否则到不了胡珀山。

当他们的煤油只剩下一点点时，气温突然急剧下降，斯科特在3月里的日记中已经清楚地表明，他和他的同伴对生存下去的勇气一天天地减弱，绝望的情绪日复一日地增强起来。

南极斯科特纪念碑

斯科特的最后一篇日记是3月29日写的。日记中说："自21日起暴风雪一直在刮。20日这天，我们每人只有两茶杯燃料和够两天的食品。我们每天都准备启程走完这17千米的路程，赶到救命的仓库，但是，我们却无法走出帐篷。假若我们走出去，那么，暴风雪一定会把我们卷走，并埋葬于茫茫大雪原中。我再也想不出更好的办法。我们要坚持到底，但是，我们的身体已经虚弱到极点了，悲惨的结局马上就会来到。说起来也很可惜，恐怕我已经不能再写日记了——罗伯特·福尔肯·斯科特。"

他的日记的最后一句话是："看在上帝的面上，务必请照顾好我们的家人。"

就这样，斯科特为南极探险事业而捐躯了。直到1912年10月28日，他及同伴们的尸体才被发现。

知识点

冰 舌

指冰川流出的舌状冰体。冰舌区是冰川作用最活跃的地段，也是冰川的消融区。冰舌的最前端部分也称为冰川末端。冰面常发育为冰裂隙等。

沙克尔顿历险南极

极地遇险

沙克尔顿在 1908—1909 年的南极探险中，尽管没有如愿以偿地到达南极点，但找到了通往南极点的路线，并且创造了到达南纬 88°23′ 的最南纪录。他那英勇顽强、百折不挠的精神，赢得了人们的尊敬和爱戴，使他成为英格兰的民族英雄和著名的极地探险家。

沙克尔顿并不满足于已经取得的成就和获得的荣誉，决心再进行一次尝试。

1914 年 7 月，沙克尔顿率领由 11 名科学家和 17 名船员组成的南极考察队，乘"持久"号考察船离开了伦敦，开始了他领导的第二次南极考察。鉴于南极点这块地理发现金牌已被阿蒙森和斯科特所摘取，他不能跟在别人的屁股后面走，要走自己的路。于是，他把横穿南极大陆作为这次探险的目标。先从威德尔海海岸出发，途经南极点，最后到达罗斯海边缘的麦克默多海峡。

沙克尔顿向莫森购买的"极光"号考察船，也与"持久"号同时出发，它的任务是把一支支援队和部分燃料及食品运送到罗斯海沿岸，由该支援队穿过比德莫尔冰川布设一些仓库，供横穿南极大陆的沙克尔顿使用。

1914—1915 年，南极夏季期间，威德尔海的冰情异常严重。"持久"号在 1914 年 12 月 5 日离开南乔治亚岛的一个捕鲸站后，在快要到达最终的停靠港——瓦塞尔湾时，船被冷酷无情的海冰死死缠住，无法脱身。船体周围起初是半溶状的海冰，但不久就把船封冻在长 5 千米、宽 4 千米的大浮冰中，无法前进和后退，再加大马力也无济于事，只好随冰漂流。突然，一股强劲的北风吹来，使封冻船的浮冰迅速前进。正在这时，又刮来一股神秘的南风，与强劲的北风相互抵消，才使他们避免了一场灾难。沙克尔顿的横穿南极大陆的计划刚刚开始实施，船就陷入孤立无援的冰漠之中，身不由己地随波逐流，向西北方向漂移，这使他极为不安。在漂流到南纬70°时，冰山向他们袭来。

在巨大冰块的冲击下，船体被击穿了0.6米大的洞，海水涌进船舱，他们连续往外抽了3天海水，并且拼命地去堵洞口，但是毫无用处。沙克尔顿没有办法，只好做出弃船的决定。于是，人们携带3只小艇、雪橇和食品，心情沉重地离开那垂死挣扎的"持久"号船，来到近处运动的大块浮冰上。这里，他们距离可能得到援助的地方有1760千米。

"持久"号一连3周忍受着巨大冰山的相互冲撞，但它仍然被冰冻在浮冰上。人们冒着生命危险，不时地到船上寻找些有用之物。

1915年11月22日，历经冰山折磨的"持久"号再也支持不住了，渐渐地沉入大海。沙克尔顿一行仍然停留在漂移的海冰上。船沉了，使他横穿南极大陆的计划化为泡影。

南极的夏季到了，帐篷里特别闷，浮冰的表面渐渐变成冰泥。他们几次想移动一下帐篷，都因冰不牢固而告失败。食品也成了问题，虽然经常派人抓些海豹来吃，但也不得不把4支狗队的狗射死充饥。

圣诞节和元旦快到了，要想到达波利特岛显然是不可能了。他们仍然待在冰上随冰漂流。现在唯一的希望是漂流到克拉伦斯岛或象岛，若不能到达其中任何一个岛的话，就只得听任大西洋的摆布了。

直到1916年4月9日，他们随冰漂流到碎冰边缘，小船周围冻的冰化开了，于是3只小船都顺利地下水了。冰山激起的巨浪，不时地向小船扑来，水手们的衣服被海水打湿，不一会儿就冻成了冰人。小船上没有淡水，食品也不充足，他们嘴干口渴，饥寒交迫，还要忍受着盐水刺激冻伤部位的剧烈疼痛。他们白天划船前进，夜里在冰上扎营休息。终于在4月16日，即"持久"号遇难的第6个月，沙克尔顿率队员们登上了象岛。这是一个小岛，找不到任何可以救命的东西，只有一些企鹅栖居在这里，但不久也都迁走了。沙克尔顿认为，他们不能在这里冒寒冬的威胁。于是，他决定带5个人，乘长6.85米、宽1.8米的小艇"詹姆斯·凯尔德"号航行到南乔治亚岛，以寻找捕鲸者的援助。

极地脱险

4月24日清晨，沙克尔顿等6人乘"詹姆斯·凯尔德"号，带着30天的食物、淡水和燃料，动身出发了，留在岛上的人们，以热茶为他们送行。

沙克尔顿把队员分成两班，3人观察和操纵小艇，3人挤在甲板下潮湿的睡袋里休息，4个小时换一次班。然而，小艇随着风浪上下颠簸，休息的人被弹上弹下，得不到安宁。风浪又不时地把海水涌进船内，他们需不断地往外掏海水。

他们就这样在漫无边际的南大洋中航行了14天。航行了1280千米，终于来到了南乔治亚岛。沃斯利驾驶着小艇，慢慢地靠近海岛。谁知这时海上突然狂风大作，小艇被吹离了岸边。他们在海中漂泊了好几个小时，后来风向变了，又把小艇吹向岸边。6个疲惫不堪的人连续奋斗了9个小时，尽管海岸近在咫尺，可他们却无法靠岸。

第二天清晨，沙克尔顿试图找一个登陆点，但狂风依然不停地刮，他们忍着口干舌燥的痛苦（因为淡水用完了），整天与狂风搏斗，直到夜幕快要降临时，船才在金哈康湾靠了岸。

他们把船上的储备品一一搬上了岸，又试图把船也拉上岸，但没有成功。沙克尔顿留下一人看船，其他人就地休息。过了几小时，全体队员出动才把船拖上了岸。

他们的命运实在太糟了，因为他们求救的捕鲸站在岛的另一面，要到那里，或是横穿小岛，步行而去，或是乘小艇前往。小艇现在破烂不堪，无法再继续航行了，而且两名队员的身体极为虚弱。

6个人当中，只有沙克尔顿、沃斯利和克林的身体还能顶得住，于是，沙克尔顿决定他们3个前去求援，其他3人留下。5月19日，沙克尔顿等3人带着汽化油炉、一套炊具、一把手斧、48根火柴和15米长的登山绳及一些食物出发了。他们在刺骨的寒风中走着、爬着，翻过了一座1200米的高山，最后来到了一个险峻的山坡旁。他们好不容易爬上了山坡，可是下面漆黑一团，怎样下去呢？他们3个手拉手，坐着滑了下去。这是他们整个旅程中最危险的一段路程，因为不知道前面等待着他们的是什么，但命运这次没有捉弄他们。当他们下滑一阵子休息时，已下滑了 1.6 千米，这等于他们历尽艰辛爬上山坡的一半距离。在以后的行程中，他们不时用指南针来校正方向，也不时停下来休息并吃点东西。最后，经过 36 个小时的艰难行进，这 3 个衣衫褴褛、污秽不堪的人，披着满头长发，终于找到了挪威捕鲸站。捕鲸站的管理员李利船长，是沙克尔顿和沃斯利的好朋友，当他见到这 3 个人的时候，竟然连沙克尔顿也认不出来了。

12 小时后，一艘捕鲸船载着沙克尔顿、一名英国捕鲸者和一名挪威志愿船员，向象岛驶去。但不久就被 110 千米宽的浮冰挡住了，几经努力都未成功。因该船只带了 10 天的燃料，又没有破冰能力，只好撤回驶向马尔维纳斯群岛。在这里，沙克尔顿第一次与外界取得了联系。当时正值战时，英国海军部没设置援救南极考察队的机构，但是，沙克尔顿与巴西的乌拉圭亚纳的拖网渔船取得了联系。在 6 月份，他驾渔船去象岛，看到了象岛，但没能靠岸，因为只带了 3 天用煤，他不得不回到马尔维纳斯群岛。在那里，他紧盯着麦哲伦海峡，看是否有英国的货船经过。然而，他失望了，观察了许久，也未见一艘英国货船经过。他只好租了一艘船龄 40 年的纵帆船，去搭救象岛上的 22 名队员。可是，出师不利，再告失败。8 月，他借到智利的一艘拖船，第四次去象岛。这艘船是钢壳船体，不耐冰，但非凡的沙克尔顿找到了一条容易接近象岛的航道，在 8 月 30 日终于到达了离别 4 个半月的象岛。岛上的人们，在最后的几周内，一个个饿得死去活来，但仍然坚信沙克尔顿队长会来营救他们。当船靠岸时，他们高兴得快要发疯了。简短的庆贺之后，队员们都上船返回欧洲。

此时，沙克尔顿的营救工作还没做完。与"持久"号同时起航的"极光"号，顺利抵达罗斯海沿岸后，支援队就穿过比德莫尔冰川去设置仓库，就在这期间，一场暴风把"极光"号的锚链刮断了，船受损严重，在罗斯海漂泊了几天就回新西兰了。然而，支援队的 10 人被弃留在罗斯岛的埃文斯角。沙克尔顿赶到新西兰找到"极光"号，很快修复好，就随船到罗斯岛接回岛上的支援队。至此，沙克尔顿的这次"横穿南极大陆的考察"才算告一段落。全体船员和队员得救了，无一人失踪。

1922 年，沙克尔顿组织领导第三次南极考察队再度赴南极。但他到达南乔治亚岛时却突然发病，这位杰出的极地探险家不幸逝世，年仅 48 岁。

知识点

罗斯海

罗斯海：南太平洋深入南极洲的大海湾。在阿德尔角同科尔贝克角，即西经 158°—东经 170° 之间。西部以多山的高海岸为界，南部为冰障。一般水深 500—700 米。表面水温 –2—0℃。盛行东南风，沿岸流自东向西。全年覆有冰层，多冰山。

飞越南极

首次飞越南极点

20 世纪初以前的南极探险活动，尽管听起来非常惊险，但是无论在规模上，还是在取得的成果上，都是十分有限的。没有先进的技术装备，在艰苦的环境中，只能靠人的冒险精神和无比的毅力。

20 世纪 20 年代以后，情况发生了很大变化。在南极开始使用飞机。它不仅改善了探险的生活条件，同时也使考察范围大大地扩展了。人们这才渐渐地认识了南极的真实面貌。

第一次用飞机和其他新设备对南极进行考察的，是 1928—1930 年期间的美国南极探险队，参加人员有 60 多人，为首的是美国海军上将里查德·E·伯德。

伯德曾在 1926 年 5 月 9 日，与驾驶员弗洛伊德·贝内特一起，成功地飞越过北极点。尔后，在一次宴会上，他对阿蒙森说，他要飞越南极点。阿蒙森说："一项重要的工作，是能够完成的。你的想法很对。"

1928 年的晚些时候，伯德正式宣布飞越南极洲的计划。10 月 11 日，伯德率领一支由 2 艘远洋舰、4 架飞机、雪上运输车和 50 名队员组成的庞大的美国探险队，从旧金山出发，经过赤道，驶向南大洋，于年底到达罗斯冰障。这次探险的任务，包括探测毛德皇后山脉的地质情况，弄清现在的玛丽伯德地以东的地形地貌，精确测定鲸湾和飞越南极点的空中探险。

他在鲸湾附近建立了基地，取名为小美国。

在 1929 年 11 月 29 日，伯德率领驾驶员巴尔肯、副驾驶员哈罗德·琼、摄影师阿什利·麦金利一行从小美国基地起飞，开始时，能够拍摄下面山脉的照片，但不久就陷入了严重的困境。飞机只有升高到 3000 米以上的高度，才可以避免撞到极地高原前面的山峰上的危险。于是，伯德命令随行人员扔下 110 千克的食品，以便减轻飞机的重量，结果飞机爬到超过山峰 120 米的高度，才安全进入极地高原上空，不久就到达南极点。

伯德回忆说："我们在阿蒙森于 1911 年 12 月 14 日停留过的地方，也就是 34 天后斯科特呆过和读阿蒙森留给他的便条的地方的上空，停留了几秒钟……那里现在没有那种场面的任何标志；只有荒凉寂寞的雪野，回荡着我们飞机发动机的声音。"

伯德的第二次南极考察

1933—1935 年，伯德组织领导了第二次南极考察，其目的在于扩大第一次考察的成果。

这次考察队规模比第一次更大，全队成员共计 120 人，包括各学科专家、学者，配备了 4 架飞机，加上第一次考察时留在小美国基地的 2 架，共有 6 架，其中一架是直升机，另外，还有 6 台拖拉机、150 只爱斯基摩狗和够用 15 个月的食品及燃料。

1934 年伯德重返鲸湾，重建了小美国基地。从这里出发，往东和往西的考察飞行，测绘和扩大了早期发现的区域。这次考察发现了罗斯冰架上隐藏一冰高地，把它命名为罗斯福岛。伯德第二次飞机考察飞行航程共计 3.1 万千米，测绘面积达 116 万平方千米。在地面上，靠拖拉机牵引，一共行进了 2100 千米。科学家们观测了宇宙射线和高空气象现象，用回声测深法勘测了冰层厚度，从而断定大陆冰盖和罗斯冰障的大部分是在地面以上，罗斯海与威德尔海并不连通。

伯德这次考察的目标之一，是在南极内陆连续进行整个南极冬季的气象观测。因为以前在岸边考察的每支考察队，都深受内陆发生的恶劣天气折磨之苦。

1934 年 3 月，陆上拖拉机拖着伯德建立"前进基地"的队员向内陆挺进。由于天气条件和其他问题，迫使他们仅在离小美国基地 160 千米处，建立了他们的营地。由于冬天逼近，营建时间短，结果新建的前进基地比原计划要小得多。因此，伯德决定独自一人在地面以下建的 2.7 米宽、3.9 米长的冰屋里过冬。

伯德独自一人在"冰晶宫"中住了 6 周后，开始感到有些不舒服，两眼发疼，看不清字样，头也有点晕。起初，他并不大介意，但后来就有些吃不消了。他反复找原因，可能是煤气在作怪。他仔细地检查了炉子，发现烟筒接头不严，而且烟囱出口被雪堵塞，经过修理之后，情况有些好转，但是，来自发电机的烟（含有一氧化碳）一再与他作对，几经修理，都无济于事。他开始周期性地失去知觉，也吃不下东西。但是，伯德是一位意志顽强的人，尽管他随时都可以与小美国基地进行无线电联系，可他始终没把自己危险的处境告诉他们，而且还坚持着进行气象记录。因为他不想叫人们冒南极极夜的危险来援救他。最后，是他那发给小美国基地的莫名其妙的电报引起了人们的警觉。于是，马上派出 3 人救护队，乘拖拉机摸黑行走了一个多月，在 8 月 10 日才找到伯德住的地下冰屋。一见到他，他们都惊呆了。他那凹陷的面颊，憔悴的表情，显然是经历了一场难以忍受的折磨。在 3 名救护人员的护理下，伯德逐渐地恢复了健康，他们 3 人和伯德一起在这个小屋里住了 2 个月，待南极极夜过去才离开这里回小美国基地。这种惊人的忍耐力，比得上沙克尔顿在 1909 年奔向南极点的艰苦努力，也比得上斯科特的决心。

伯德的第三次南极考察

在 1939—1941 年期间，在美国政府的支持下，伯德领导了第三次南极考察。值得注意的是，这次考察使用了一种独特的科学考察机械，名叫"雪上旅行者"，它长 16.75 米，宽 6 米，高 4.5 米，满载时重 33.5 吨，安装有直径 3 米的轮子，每个重 3 吨。该机械用柴油发电，顶上装一架小型的用于侦察的飞机。里面有生活住处、实验室、机械间，甚至暗室。它可携带行走 8000 千米用的燃料，飞机用的汽油和 4 人够用一年的食品。它实际上是一个小型的可移动的营地。用它到达南极点抱有很大希望。波尔特负责把它从"北星"号辅助船运到罗斯冰架上。但是，令人遗憾的是，"雪上旅行者"向南极点只前进了 5 千米，因遇到 1.6 米高的雪脊，轮子就陷入雪中不动了，只得把它

南极的雪脊

和飞机留在西基地。

尽管这样，伯德的第三次考察还是成功的。他使用了两个基地，一个是赛普尔领导的小美国三号（西基地），另一个是布莱克领导的斯托宁顿岛（东基地）。他直接或间接负责的测绘区域，比任何其他南极探险家都大。考察队从东西基地进行了远距离的航空测量，三次飞过阿蒙森海中的大块浮冰，从而确定了埃尔斯沃思高地和沃尔格林海岸的位置。雪橇队到达了西南面的乔治六世海峡和威德尔海西南沿岸，进行了科学考察。在两个基地上，均进行了综合学科的科学考察。

埃尔斯沃思富有戏剧性的飞行

在伯德进行南极探险的同时，美国人林肯·埃尔斯沃思也进行了一次当时最富有戏剧性的飞行。

林肯·埃尔斯沃思出生在美国一个非常富有的家庭，他继承了一个煤矿和一个瑞士城堡的财产。他喜欢土木工程和生物学。1926 年，他曾在与阿蒙森一起乘飞艇飞过北极点。他把南极洲看作是一个世纪前的美国西部，而把自己想象为一个南极航空的"开拓者"。他崇拜怀亚特·厄普，并在床头保存着厄普的子弹带，在飞行时总把它带在身边。他曾写道："厄普在火热的时代，一开始就进入了美国西部地区，并且一直到西部热结束时才放下枪。"

1935 年，埃尔斯沃思与飞行员赫伯特·霍里克—凯尼恩一起，从南极半岛顶端的邓迪岛起飞，纵贯南极半岛和横穿西南极洲，飞到鲸湾东南 26 千米处。其航程长达 3700 千米，并且航行区绝大多数是人们一无所知的荒野。更重要的是，两架飞机在途中先后着陆 4 次，首次证实了飞机可以在南极大陆进行多种项目的考察作业，可以代替长距离的雪橇旅行考察。在飞行中，埃尔斯沃思发现了森蒂纳尔山脉和霍里克—凯尼恩高原。在他的第一营地处，他把西经 80°和 120°之间的 906 万平方千米的陆地宣布为美国所有。

1938 年，埃尔斯沃思乘"怀亚特·厄普"号船又来到南极洲，计划从恩德比地起飞，经过南极洲内陆到达南极点。但计划落了空，埃尔斯沃思只好驾船极力向海岸靠近，以便考察近海岛屿的地质。由于大块浮冰阻拦，缺少良好的基地地址和突然事件（包括一名海员从船上掉到水中），决定迅速返回。然而，在向北返回之前，埃尔斯沃思在 1939 年 1 月 11 日完成了一次内陆飞行，往南飞到南纬 72°，他在那投下了一个领土要求的标记和一面旗子，为美国要求了大约 20 万平方千米的陆地，并且把它命名为美国高地。

"跳高行动"计划

所谓"跳高行动"，指的是美国在 1946—1947 年进行的要跳到世界最高的大陆上进行军事演习。这次派出舰船共 13 艘，其中包括著名的"北风"号破冰船和 3.5 万吨的航空母舰，出动各种定翼飞机 19 架，直升机 7 架，履带式拖拉机、吉普车和开路车若干。参加的人员包括军人 4700 名，科学家和观察员 51 名。

这次行动的目的，是在南极环境下训练人员和武器装备；巩固和扩大美国在南极洲拥有的基地；海上基地位置的选择、建设、维修和使用；冰上、空中作战装备的应用与保护；确定要发展的技术；进一步了解水文、地理、地质、气象和电磁波在南极洲上空的传播。

美国让伯德担任这次行动的指挥，但其真正的指挥官是美国海军少将 R·H. 克鲁兹。克鲁兹曾在 1939—1941 年美国南极考察和第一次军事演习期间，担任"熊"号舰的指挥。这次行动，他启用了许多不熟悉南极环境的人，结果遇到了许多困难。一架巡逻飞机在乔治王岛上空坠毁，3 人遇难，这是发生在伯德考察队的首次死亡事故。

当时的美国代理国务卿迪安·艾奇逊要求考察队"采取适当的步骤，如把成文的主权要求存放在石堆里，空投装有主权要求的容器等"。据此，考察队在这一期间，总共设下了 68 个主权要求标记。

美国的这次考察，尽管主要目的是军事和政治上的，但在科学上的成果是惊人的，由于广泛地使用了飞机，对南极洲沿岸的 60%进行了观测和摄影，其观测面积达 390 万平方千米，航空摄影 1.5 万千米，在 64 次航空飞行中，获侦察照片 7 万张，确定了 18 个山脉的地理位置，拍摄了印度洋下坡的两个无冰区。

"风车行动"计划

虽然"跳高行动"在科学上取得了惊人的成果，但在某种意义上说是失败了，这是因为它仅完成了对南极洲 77.7 万平方千米的摄影，是这次考察目标的 1/4，而且，航空摄影的许多地区缺乏适当的地面控制点。因此，在 1947—1948 年，美国海军又进行了"风车行动"计划。这次考察的任务包括建立地面控制点，并继续进行航空测绘。代理国务卿罗伯特·洛维特重申了艾奇逊的领土要求政策。结果，考察队在考察期间又安放了 12 个领土要求标记。

在东南极洲沿岸，考察队力图到达传说中的温暖地方——班戈绿洲，这个地方是前一年班戈从飞机上看到的。考察队的破冰船向这个所谓的绿洲行进时，的确发现了连绵的温暖海岸，但它被大块浮冰所包围，从海上难以接近。然而，考察队发现了附近的风车群岛和登陆良港文森尼湾。他们设立了 10 个地面控制点和三角测量网点，进行了海洋学观测，连续回声测深，绘制出冰的位置及类型图。在陆上进行了生物学、地质学及气象学的观测。直升机用于地面指挥、冰情侦察、运送考察人员到海岸去考察。

其他国家的南极飞行

尽管伯德首次进行了飞越南极点的空中探险，但把飞机首先用于南极考察的不是美国人，而是英国的休伯特·威尔金斯爵士和卡尔·艾尔森。他们于 1928 年 11 月 26 日从欺骗岛驾机起飞，首次在南极半岛上空进行了长距离的飞行。他们根据空中观察和所拍摄的航空照片研究指出，在太平洋和威德尔海之间，至少有 4 条海峡。正当人们赞扬威尔金斯的地理学发现时，鲁米尔警告说，那里常年被冰雪覆盖，低平的谷地中也都充满着厚厚的积雪，这就使人很难分辨出是低谷还是海峡。但是，威尔金斯的发现，直到 1936 年才被推翻，鲁米尔领导的一支英国探险队证实，那 4 条海峡并不存在。

挪威一位富翁克里斯滕森，在 1926—1937 年期间资助过许多南极探险队，他的大量财产都是从捕鲸业中得来的。他的这种做法是从其父那里学来的。早在 1892 年，其父就资助拉森驾驶"贾森"号船去威德尔海探险。克里斯滕森代表挪威的探险行动开始于 1927 年 12 月和 1929 年 2 月，分别在布韦岛和彼得一世岛登陆。虽然在此之前，已有探险队发现这两个岛屿，然而都被他宣布为挪威的南极领土。以后几年，挪威人把注意力主要集中于东经 20°~45°之间的沿岸地区。在 1929—1930 年期间，他们对恩德比地和毛德皇后地的部分地区进行了航空考察，结果发现了玛莎公主海岸，并宣布了所有权。在挪威当局告知克里斯滕森，政府已经承认了英国对恩德比地的主权要求后，挪威对恩德比地的主权要求的声明才宣告作废。

在 1933—1934 年的南极夏季，克里斯滕森和米克里逊发现了利奥波德海岸，驾机航测了阿斯特里德海岸，并对莫森发现的麦克·罗伯逊地的部分地区进行了航空摄影。

在 1934—1935 年夏季，发现了英格里德、克里斯滕森海岸，并进行航空测量。1935 年 2 月，挪威人在该海岸登陆，其中包括米克里逊夫人，她成了登上南极大陆的第一位女性。一年之后的 2 月 4 日，克里斯滕森夫人创造了比米克里逊夫人更好的成绩。她在这天的飞行中，发现了哈拉尔德王子海岸。这一连串的挪威探险行动，发现了 2084 海里长的南极海岸线，并航空测量了 8 万平方千米的南极大陆。除了在英格里德海岸和克里斯滕森海岸的三次登陆外，挪威人还从飞机上向各个地点投下了挪威国旗，这种方法成了后来宣布主权要求的一种常用手段。

闪电式的飞行

在 1938—1939 年的南极夏季，阿尔弗雷德·里切尔率"施瓦本兰"号船计划到达南极大陆的格林尼治经度区。德国这次南极航行的目的，在于为德国涉足南极，对南极大陆提出领土要求创造条件。里切尔利用船上的水上飞机完成了一次闪电式的飞行。在短短的 3 周中，里切尔取得了很大的成就。尽管其飞行的时间总共只有 6 天半，但对 35 万平方千米的陆地进行了航空摄影，并利用照相和观察手段对 60 万平方千米的地区进行了空中侦察，飞行距离达 1.2 万千米。同时，每隔 25 千米投下一面德国国旗。德国在对此航次的报道中，骄傲地声称：在对南极提出主权要求的国家中，没有一个国家能像德国这样，对其探险队所发现的陆地，了解得那样清楚、绘图数据那样精确。

南极科考站

科学考察站

南极大陆未来的开发利用，已经为世界各国关注。各种瓜分南极的主张和借口应运而生。其目的主要在于夺取南极大陆丰富的资源——尤其是能源。各国政府耗资巨大地支持南极探险和考察，其重要目的之一就在于跻身南极，为未来着眼。

对探索与考察南极来说，最好的方法莫过于在南极设立科学考察站。这样，不仅会大大改善考察站里面工作人员的生活条件，使他们能够更集中精力进行南极考察，而且还能使考察的内容具有连续性和长期性。

目前，在南极设立了科学考察站的国家已经有26个之多，而这些国家在南极建立的科学考察站更是达到150多个。在这些众多的考察站，根据其功能大体可分为：常年科学考察站、夏季科学考察站、无人自动观测站3类。其中，常年科学考察站有50多个；夏季科学考察站有100多个，经常使用的有70~80个。

麦克默多站全景

最早建立的科学考察站是阿根廷奥长达斯站，于1904年2月24日建成，位于南奥尼克群岛苏里岛的斯科舍湾，地理坐标为南纬64°45′，西经44°34′。规模最大的是美国麦克默多站，位于麦克默多海峡畔，海拔31米，地理坐标为南纬77°51′，东经166°37′。1956年2月16日建站。站内各类建筑200多栋，建有洲际机场、大型海水淡化厂、大型综合修理厂、通讯网、医院、电话电报系统、俱乐部、电影院、商店等。有"南极第一城"的美称。南极大陆上的第一个常年科学考察站是澳大利亚的莫森站，也是南极圈以南开放时间最长的考察站，建于1954年2月13日，地理坐标为南纬 67°36′，东经 62°53′。位于南极点上的科学考察站是美国的阿蒙森—斯科特站，海拔 2900 米，地理坐标为南纬 90°，1957 年 1 月 23 日建成，每年有30 多人在此越冬。建立在世界寒极的科学考察站是俄罗斯东方站，它是最靠近南极点的一个考察站，地理坐标为南纬 78°28′，东经 106°48′，建于 1957年。1983 年 7 月 21 日实测最低温度为零下 89.2℃，被称为南极的"寒极"。规模最小的是捷克人建立的捷克斯洛伐克站，建在南设得兰群岛得纳尔逊冰帽上，站内仅有两座不到 10 平方米的木板房，没有水、电、通讯设备，仅有2 名队员度夏和越冬考察。

世界上最冷的地点——东方站

在所有南极考察站中，东方站是海拔最高的一个，也是最靠近南极点的一个考察站，海拔 3600 米。该站由苏联 1957 年建成，现在属于俄罗斯。其位于南纬 78°28′，东经 106°48′，南极磁点附近。这里空气中的含氧量很低，相当于其他大陆 5600 米高的空气含氧量。

东方站几乎是南极洲最冷的地方，也是世界上最冷的地方。1983 年 7 月 2 日，测得温度为零下 89.2℃，人们将这里称为南极的"寒极"；在这里冰川学家打出了世界最深的钻孔，深达 2600 米；由于这里气候酷寒而且风大，被称为南极不可接近地区。该站一般有30 名左右的工作人员，主要从事地球物理、高层大气物理、

东方站全景

气象学、环境学和冰川学方面的研究。

南极洲是如此寒冷，以致在这里的大部分地区雪从来不会融化，泼水即成冰。该地区的平均温度大约是零下 48.9℃，使其成为地球上最寒冷的地方。寒冷的天气条件下履带牵引车有时会无法正常行驶，很难往东方站运送燃料和相关设备。出于节省开支等方面的考虑，科研人员曾经三次暂时关闭东方站。

最大的南极考察站——麦克默多站

在所有南极考察站中，美国麦克默多站是规模最大的一个。该站由美国于 1956 年建成，有各类建筑 200 多栋，包括 10 多座三层高的楼房。

麦克默多站是美国南极研究规划的管理中心，也是美国其他南极考察站的综合后勤支援基地。建有一个机场，可以起降大型客机，有通往新西兰的定期航班，此外，在站附近，有两座小型机场，大型综合修理工厂等。麦克默多站的通讯设施、医院、电话电报系统、俱乐部、电影院、商场一应俱全，仅酒吧就有 4 座之多。麦克默多站还有私人工程公司，在麦克默多站周围和较远处的各种实验室里，每年冬季有近 200 名，夏季有 2000 多名科学家在从事各学科的考察研究。每年在这里工作的来自世界各国的外籍科学家都在 20～50 人。每年的夏季，一架架大型客机从美国、澳大利亚、新西兰等地把成千名游客运往这里，以观光南极洲的风景。麦克默多站的夏季，车水马龙，热闹非凡，就像一座现代化的城市，因此，人们也将麦克默多站称为"南极第一城"。

中国南极长城站

中国南极长城站建立于 1984 年 12 月 31 日，1985 年 2 月 20 日建成，是中国在南极建立的第一个科学考察站。该站位于南极洲西南，乔治王岛南部，即南纬 62°12′59″、西经 58°57′52″。

乔治王岛，是南设得兰群岛中最大的一个岛屿，全岛 85% 的面积为冰雪

乔治王岛

覆盖，所处位置为南极洲的低纬地区，四周环海，具有南极洲海洋性气候特点，被称为南极洲的"热带"，年平均气温 -2.8℃，最暖月 1 月平均气温约 1.5℃，绝对最高气温可达 13℃；最冷月 8 月平均气温 -7.8℃，绝对最低气温零下 28.5℃。年降水量为 550 毫

米，年平均风速 7.2 米/秒，全年风速超过 10 米/秒的大风天数为 205 天。处在南极半岛与南美大陆间的多气旋地带，天气变化剧烈，加之这里天气较暖和，降水较多，冰雪的年积累量和消融量都较大，冰流速度较快，冰川进退所反映的气候变化更为明显。乔治王岛位于南极洲板块、南美洲板块和太平洋板块的交会地带，现代火山和地震活动频繁。成为研究地壳构造、岩浆活动、地震成因、大气环流的变化和气候演进规律的良好场所。

中国南极长城站站区南北长 2 千米，东西宽 1.26 千米，占地面积 2.52 平方千米，平均海拔高度 10 米。在中国南极长城站附近有一个很大的滩涂，地衣、苔藓、藻类植物生长茂盛，并且生长着南极洲仅有的 4 种显花植物，沿海地带是企鹅、海鸟和海豹的栖息场所和繁殖地，被称为南极洲的

中国南极长城站

绿洲，是研究南极洲生态系统及生物资源的理想之地。

长城站周围分布有智利、阿根廷、俄罗斯、波兰、巴西、乌拉圭等国家的科学考察站，其中距智利的马尔什基地仅 2.7 千米。长城站自建站以来，经过三、五、十三次队扩建，现已初具规模，有各种建筑 25 座，建筑总面积达 4200 平方米。其中包括办公栋、宿舍栋、医务文体栋、气象栋、通讯栋和科研栋等 7 座主体房屋，还有若干栋科学用房，如固体潮观测室、地震观测室、地磁绝对值观测室、高空大气物理观测室、卫星多普勒观测室、地磁探测室等，以及其他用房，如车库、工具库、木工间，冷藏室和蔬菜库等。从1986 年 9 月起，南极长城站气象站已作为南极地区 32 个基本站之一，正式加入国际气象监视网。2009 年 1 月 1 日南极长城卫星网络通讯系统建成使用。

中国南极中山站

中国南极中山站建成于 1989 年 1 月 26 日，位于东南极大陆伊丽莎白公主地拉斯曼丘陵的维斯托登半岛上，其地理坐标为南纬 69°22′24″、东经

76°22′40″。

中山站所在的拉斯曼丘陵，地处南极圈之内，位于普里兹湾东南沿岸，西南距艾默里冰架和查尔斯王子山脉几百千米，是进行南极海洋和大陆科学考察的理想区域。离中山站不远处有澳大利亚的劳基地和俄罗斯的进步站。

中山站位于南极大陆沿海，气象要素的变化与长城站差别较大，比长城站寒冷干燥，更具备南极极地气候特点。中山站年平均气温零下10℃左右，极端最低温度达零下36.4℃；中山站地区受来自大陆冰川的下降风影响，常吹东南偏东风，8级以上大风天数达174天，极大风速为43.6米/秒；降水天数162天，年平均湿度54%，全年晴天的天数要比长城站多得多。中山站有极昼和极夜现象，连续白昼时间54天，连续黑夜时间58天。

中国南极中山站

中山站建站以来，经过多次扩建，现有各种建筑15座，建筑面积2700平方米，其中包括办公栋、宿舍栋、气象栋、科研栋和文体娱乐栋，以及发电栋、车库等。该站上生活设施齐备，可以满足考察队员的工作和生活需要。宿舍内配备有多功能软床、沙发、写字台、衣柜等，室内温度适宜，常年可保持在16℃~20℃。站上的全自动冷热水供水系统，可以满足各用水点全年不间断的冷热水供给。站上拥有各种车辆十多辆，可以满足交通运输、施工和科学考察的需要。电站可以保证站区生活、工作和科研等的连续用电。站上的医务室，配备有无影灯、多功能手术台等医疗器械，可进行一般性的外科小手术。通讯室安装有两套1.6千瓦的单边带发射机和全波段收讯机，以及海事卫星终端设备。

中山站设有实验室，配备有相应的分析仪器设备，可供科学考察人员对现场资料和样品进行初步分析研究。站上的气象观测场、固体潮观测室、地震地磁绝对值观测室、高空大气物理观测室等均配备有相应的科学观测设备和仪器。中国南极考察队员在中山站全年进行的常规观测项目有气象、电离层、高层大气物理、地磁和地震等。

中国南极昆仑站

中国南极昆仑站是中国首个南极内陆考察站。其位置为南纬 80°25′，东经 77°06′，高程 4087 米，位于南极内陆冰盖最高点冰穹 A 西南方向约 7.3 千米。这也是中国继在南极建立长城站、中山站以来，建立的第三个南极考察站。昆仑站于 2009 年 1 月 27 日胜利建成，成为世界第六座南极内陆站。

昆仑站的建成，对南极科考有着重大的意义。

从科学考察角度看，南极有 4 个最有地理价值的点，即极点、冰点（即南极气温最低点）、磁点和高点。此前，美国在极点建立了阿蒙森—斯科特站，俄罗斯人的东方站位于冰点之上，磁点则是法国与意大利联合建造的迪蒙迪维尔站，只有冰盖高点冰穹 A 尚未建立科考站。

冰穹 A 地区所具有的特殊地理和自然条件，使其成为一系列科学研究的理想之地。冰穹 A 地区是国际公认最合适的深冰芯钻取地点。同时，冰穹 A 地区可以监测和检测到全球平均本底大气环境，得到可用于改进全球大气环流模式的有关参数。此外，冰穹 A 位于臭氧层空洞中心位置，是探测臭氧层空洞变化的最佳区域。

冰穹 A 地区也是进行天文观测的最佳场所。冰穹 A 具备地球上最好的大气透明度和大气视宁度（天文望远镜显示图像的清晰度），有 3~4 个月的连续观测机会和风速较低等条件，被国际天文界公认为地球上最好的天文台址。

冰穹 A 地区还是南极地质研究最具挑战意义的地方。东南极冰下基岩最高点的"甘伯采夫"冰下山脉，是形成冰穹 A 的直接地貌原因，由于其海拔高度近 4000 米，是国际公认的南极内陆冰盖中直接获取地质样品的最有利和最有意义的地点。

2005 年 1 月 18 日，中国第 21 次南极考察队从陆路实现了人类首次登顶冰穹 A。同年 11 月，中国又首次对中山站与冰穹 A 之间的格罗夫山地区进行为期 130 天的科学考察活动。由于率先完成冰穹 A 和格罗夫山区的考察，中国最终赢得了国际南极事务委员会的同意，在冰穹 A 建立考察站。

另外，中国筹建内陆科考站时，充分考虑了环境因素的影响，对科考站的建设和运行进行了全面的环境影响分析评估，并制定了相关的环保措施和应急预案，确保在发挥科考站科学平台价值和满足队员工作生活需求的同时，尽可能减少内陆站建设对环境的影响。

　　昆仑站主体建筑面积约 230 平方米，包括宿舍、医务室、科学观测场所、厨房、浴室、厕所、污水处理场所、发电机房、锅炉房、制氧机房和库房等。其主体建筑主要采用模块化或集装箱式建筑构件组装而成，这样就大大减少现场的安装工作量。同时考虑昆仑站周围方圆上千公里都是无人区，景观极其单调，给人一种与世隔绝的感觉，这对人的心理是一种严峻挑战，因此在房屋设计上，科考站的室内设计与家具的选用多采用温暖、艳丽的色彩，尽可能弥补环境对人心理造成的影响。

　　在保证公共空间的同时，设计师也给每个驻站人员留出了基本的私密空间。昆仑站共有 10 间宿舍，每间约 5 平方米，只住 2 人，基本可以保证队员之间互不干扰。此外，昆仑站主体建筑内设置有供氧终端。科考队员通过它可以补充氧气，缓解缺氧造成的不适。

中国南极昆仑站

南极的价值

NANJI DE JIAZHI

　　随着工业社会和后工业社会的历程，除南极外，地球上几乎所有的地方都或多或少存在各式各样的工业污染、生态污染，唯有南极似乎还是一方净土。人类认识到了这一方净土的重要性，即南极对人类的价值无论怎么衡量都不过分。

　　南极洲是地球上巨大的天然"冷库"，是世界上淡水的重要储藏地，拥有地球70%左右的淡水资源。

　　南极洲蕴藏的矿物有220余种。主要有煤、石油、天然气、铂、铀、铁、锰、铜、镍、钴、铬、铅、锡、锌、金、铝、锑、石墨、银、金刚石等。主要分布在东南极洲、南极半岛和沿海岛屿地区。如维多利亚地有大面积煤田，南部有金、银和石墨矿，整个西部大陆架的石油、天然气均很丰富，查尔斯王子山发现巨大铁矿带，乔治五世海岸蕴藏有锡、铅、锑、钼、锌、铜等，南极半岛中央部分有锰和铜矿，沿海的阿斯普兰岛有镍、钴、铬等矿，桑威奇岛和埃里伯斯火山储有硫黄。根据南极洲有大煤田的事实，可以推想它曾一度位于温暖的纬度地带，才能有茂密森林经地质作用而形成煤田，后来经过长途漂移，才来到现今的位置。

　　南极大陆未来的开发利用，已经为世界各国关注。

南极对气候的影响

大陆冰盖与气候

南极大陆冰盖是地球上最大的冰盖，占世界总冰量的90%。冰盖是地球上的主要冷源，它像一座巨大的冷凝器，安置在地球的最南端，冷却着从赤道来的热空气，调节着全球的热量平衡，影响着全球的气候。有人把南极洲称为"天气制造厂"，一点也不过分。

地球上的大气在川流不息地运动着、变化着，其流动的总趋势是从赤道流向两极，又从两极流向赤道，不断循环往复。

驱动全球大气循环的动力是太阳热能。太阳把热能送向大地，但大地接收到的太阳热能是不均匀的，赤道附近地区接收的热量多、温度高，两极接收的热量少、温度低。赤道和两极之间的温差可达100℃！这是由于阳光照射

大气环流

时间长短的不同，光线角度大小的不同而形成的。赤道上空的大气受热膨胀上升，流向两极，在两极冷却下沉，再返回赤道，形成全球的大气环流。但是，如果没有两极的温差，就不可能有大气环流。

南极洲的气候既不是海洋性气候，也不是大陆性气候，它是一种独特的极地大陆冰气候。它的主要特点是低温严寒，无论是暖季和寒季，气温都比较低。整个南极大陆的年平均气温比北极低12℃之多。

南极洲如此寒冷，大陆冰盖起着决定性作用。南极冰盖覆盖在整个南极大陆。冰盖反射了太阳热，也隔绝了下垫面与大气之间的热交换。大气主要是通过下垫面来进行加热的，南极的冰盖使大气获得的热量大大减小。结果，冰雪堆积愈多，气温降低愈甚；而气温越低，也愈有利于冰雪的维持。它们之间存在着反馈作用。

另外，融化冰雪也需要吸收大量的潜热。据统计，一年中南极浮冰区面积的变化大约是北极的7倍。在最冷的季节，南极海冰面积大约为2000多万平方千米，而在暖季末，南极海冰面积缩小到几百万平方千米。当这么多的冰雪融化时，吸收的潜热是很可观的。这些潜热一部分从海洋中索取，另一

世界气候分布图

部分要从大气中吸收。冰山的形成与消融，冰山的多少，都会影响南大洋的温度，也会导致热平衡系统的变化，从而影响全球气候。

南极冷源对北半球天气气候的影响也是不可忽视的。南极温度最大的变化中心往往先于其他地区。当南极地区凛冽的冷气团向北推进时，产生的跨越赤道的气流汹涌地向北半球袭来。从卫星云图中可以清楚地看到在低纬度地区有这条跨越赤道的浓密云带。当南半球低纬度地区的东南流云带不断加强并跨越赤道转为西南气流时，它直接影响着北半球赤道幅合带的活动。在夏季往往会导致热带气旋和台风的形成、发展，甚至会影响到北半球中高纬度雨带的推移。

所以，在全球大气环流模式进行数值试验中，必须考虑到这个重要因子。

冰川融化对地球的影响

南极冰盖对整个地球的巨大影响早已经受到了人们的关注。有人估计，南极冰盖全部融化成水，平铺在世界大洋的洋面上，那么，世界地形将会发生很大的改变。

南极冰盖的面积是 1200 万平方千米，相当于地球海洋面积的 1/32。因为冰的体积要比水的体积大，所以大约每融化 34 米厚的冰层，海面就要上升 1米。以南极冰盖平均厚度 2000 米计算，全部融化以后，海水就会上升 60 米。

如果海水上涨 60 米，对人类来说，无疑是一场灾难：世界上几乎所有沿海港口都将被淹没，沿海地区的人们将面临一场严峻的考验。

另外，还有一个可能发生的变化。地球最外面的部分是地壳，就像鸡蛋外面鸡蛋壳似的。地壳之下是具有一定可塑性的地幔。2000 多万立方千米的冰盖长期压在南极地壳上，势必造成南极地壳下沉。假如

南极冰盖化后的欧洲想象图

冰盖有朝一日消失殆尽，地壳就会慢慢地升上来。有人甚至计算过，如果冰盖真的消失的话，南极地壳可能会上升600米。同时，南极大陆四周的大陆架也会相应上升。

当然，科学家这样的猜测并非是凭空想象的。在过去的一二百万年的第四纪地质年代里，就曾多次发生过这种情况。那时候，北美北半部、欧亚大陆的北半部都积压着几千米厚的冰层。冰期过后，巨大的冰体融化成水，大陆又重新升起。有关资料显示，当时北欧最大的冰盖中心在斯堪的纳维亚半岛，冰盖融化后就开始上升，到现在已经抬升了200米。北美的最大冰盖中心也有大面积抬升，这种抬升直到现在还在继续。

海冰对气候的影响

围绕南极大陆的南大洋，是世界上惟一完全环绕陆地而没有被任何大陆分开的大洋。它的面积为7500万平方千米，海水的温度变化为 $-1.8℃ \sim 10℃$，它贮存的热量仅占世界各大洋所含总热量的10%。这样一个巨大的低温水体，不用说对南半球，甚至对全球气候的影响，一定不会小。再加上海冰的影响，那就更是举足轻重了。

冬季，南大洋的结冰面积可达2000万平方千米，沿南极大陆边缘分布，比南极大陆的面积还要大。夏季，海冰的面积缩小为100万~300万平方千米，海冰又是一个巨大的冷源。

根据年平均资料，世界各大洋海冰的面积约2300万平方千米，其中，北半球1200万平方千米，南半球1100万平方千米，这就是说，南大洋的海冰约占世界海冰总面积的50%。

南大洋海冰的面积，不仅有季节变化，而且有年际变化，这种变化对世界海洋的冰情产生一定影响，使整个世界海冰的面积10月份达最大值，2月份为最小值。显然，南大洋的海冰改变了南、北半球海冰反相变化的特点，使整个世界海洋海冰的变化趋势与南大洋一致起来。那么，海冰如何影响气候的变化呢？一般说来，通过3种方式：①海冰的隔绝作用和反射作用；②海冰影响海洋水文气象过程的作用；③海冰冻结与消融的作用。

大面积的海洋结冰时，海冰隔断了海洋与大气的直接接触，影响到海洋与大气的热量交换。同时，海冰表面将太阳的辐射热量反射回去，影响了辐

世界海洋主要的海面漂流和洋流

射平衡。有人测定，海冰将 85% 以上的太阳辐射热反射到宇宙中去。

南大洋的海冰，通过水文气象过程，对全球产生深远影响。冬季，南大洋的海水结冰时，析出的盐分渗到冰下的海水中，使海水的盐度达最大值。这种盐度大的海水，温度低（约为 -1℃~2℃）、密度大，不断沿大陆架下沉到深海，汇入流向赤道的深层环流。于是，形成了流向世界各大洋的南极底层水，最远可流到北半球。

另一方面，由于南极大陆强烈而寒冷的斜面下降风的作用，南大洋表层水的温度降到近于冰点，其密度远大于温带水。于是，向北流的表层水到达温带附近时，便沉入温带水体之下，这就是南大洋的中层水。

从南极大陆周围向北流的这两股水——底层水和中层水，流量很大，约 3400 万吨/秒。这样，每年可向北输送约 1000 亿吨又冷又咸的南极水。假如这种海水的厚度为 10 米，那么它的面积则达 1 亿平方千米，相当于南极大陆面积的 7 倍。这样一股巨大冷水的输送，必将对南半球，甚至对全球的海洋与大气的热交换，产生相当大的影响，进而对气候产生几十年到几百年的影响。

海冰影响气候的另一种方式是，通过海冰的形成和消融，推迟季节的变化。南半球的秋季，大量海水结冰时，要释放出热量，使大气温度升高，推迟了寒冷季节的到来；春季，海冰消融时，要从大气中吸收热量，使大气的温度降低，推迟了暖季的到来。

由此可见，南极的大陆冰盖、海冰、海水和大气四者相互作用的结果，决定着南极地区的气候，调节并影响着南半球和全球的气候。因此，南极地区被称为全球气候变化的敏感区和关键区。

气　候

气候是长时间内气象要素和天气现象的平均或统计状态，时间尺度为月、季、年、数年到数百年以上。气候以冷、暖、干、湿这些特征来衡量，通常由某一时期的平均值和离差值表征。气候的形成主要是由于热量的变化而引起的。

南极生物资源的价值

鲸对人类的价值

鲸浑身是宝，具有重要的经济价值。它那巨大的躯体为人们提供了大量的鲸肉、鲸油和其他产品，一头 100 吨左右的蓝鲸的价值达 10000 美元。鲸肉约占鲸体重的 1/2，除了研成粗粉当饲料或肥田之外，加工之后还可以供人食用，富含蛋白质，营养价值高。挪威和日本等国的食品商场就供应新鲜鲸肉和鲸肉罐头。日本研究美食的人认为，鲸肉味道胜似牛肉，是世界上的美味食品之一。日本还利用鲸肉做原料，加工成人造纤维。

鲸脂是含脂肪十分丰富的动物油。它不仅含有大量的甘油，可以用于合成炸药中的硝化甘油和纸烟加工，而且还能用来制造肥皂和提炼高级润滑油。鲸脂中脂肪酸最低的含量为 2% 以下，最高为 30% 左右。鲸脂越轻质量越高。从一头 120 吨重的蓝鲸体内可获得 40 多吨的油脂。这般数量的油脂相当于在数千头肥猪身上取下的猪油。鲸脂经过加氢处理，可以得到无腥无味的硬块，还能加工制成可供食用的人造牛油。

鲸脂还有许多其他的用途。它可以制造蜡烛和油画颜料。在炼钢和制革工业上也有用途。因为鲸油在高温下黏度不变，因此被用来当作某些精密仪器的润滑油等。如抹香鲸油可以提炼工业用油和鲸蜡油。鲸蜡油取自抹香鲸的脑袋之中。它的熔点高，既可制造化妆品，又可加工成蜡烛。

自古以来，龙涎香就作为一种高级香料而被人们使用。关于这种高级香料的来源，过去一向为人所保密，其实它只不过是抹香鲸患消化不良症之后，肠胃里积存的一种废物。龙涎香原是一种带有灰黄色、深灰色或稍呈褐色的貌不惊人的蜡状物，初出体内，奇臭难闻，干燥后呈琥珀色，引火能燃，火焰蓝色，芬芳四溢，味同麝香。这种天然香料大小不等，形状各异，小的几十克，大的有400千克。因为它的用途广泛，气味奇特，被人们称为"漂浮的黄金"。它的比重仅0.9，熔点在60℃上下，能溶解于酒精。龙涎香过去一直被用作制造芳香剂和兴奋剂的高级原料，到后来才渐渐被广泛用来制作雪花膏和口红等大众化妆用品。

此外，鲸皮质地柔软，表面有绒毛，皮革带花纹，适宜用来做衣服或皮包。鲸鳍可以做伞面、乳罩、领结和烟盒。鲸的卵巢还是一种叫做"普罗吉斯廷"的特效药——孕激素（尤指孕酮）的原料。鲸粪和骨粉是富含氮与磷的肥料。鲸骨里还可以提取骨胶，作为加工摄影胶卷的原料。鲸肝所含的维生素A和维生素D非常丰富。一头抹香鲸的肝往往重达400千克，其维生素A的含量与100吨优质奶油或500万个鸡蛋的含量相当。鲸须和鲸齿可以加工成医疗器材或手工艺品。

总而言之，鲸浑身上下都是宝，对人类具有广泛的经济价值。

鲸的厄运

鲸，不仅是现代，而且也是地球上有史以来最大的哺乳动物，也是极为宝贵的生物。鲸虽然是庞然大物，但除少数齿鲸外，其他鲸却连小鱼也不吃，而主要以磷虾为食。除少数巨鲸性情凶猛，有伤人行为之外，多数鲸性情比较温和。

同时，鲸也是南大洋重要的生物资源之一，因此也引起了人们的注意。

人类开始大量捕杀鲸最早开始于19世纪末。1892年，挪威人拉尔生驾驶着"杰松"号捕鲸船向南大洋进发，在那里发现大批鲸并开始了捕鲸作业。此后，挪威的捕鲸业便风风火火地发展起来。到了20世纪初，挪威的捕鲸公司多到 60 来家，沿海设置的捕鲸站有二三十个，拥有海上捕鲸加工船近 40 艘，驱逐船 150 艘，从事捕鲸业的工人多达近万人。国内捕鲸业发达的地方还出现了"鲸城"。城内有捕鲸业保险公司，鲸类博物馆和鲸类学会，还出版鲸报和其他有关刊物。

1905 年，第一艘海上加工船进入南大洋，在整个捕鲸季节总共猎获鲸 4000 多头。这一惊人的捕获量刺激了各国捕鲸公司老板的中枢神经。于是，英国、日本、德国、美国、阿根廷和巴拿马等国的捕鲸公司纷纷派遣自己的捕鲸船只，争先恐后地开进了南大洋。由于深海捕鲸适宜用大船，这些国家的捕鲸船的吨位

日本早期的捕鲸

不断增大。到了第二次世界大战前夕，挪威和英国捕鲸船的设备都已经比较先进完备，各拥有加工船 10 多艘。因此，这两个国家成了国际捕鲸业中竞争的对手。尽管英国不论从设备到经验均不及挪威，但因它操纵了当时的国际捕鲸组织的大权，每年摊派到的捕鲸比率总要多于挪威，而成为当时国际捕鲸业中的魁首。

南大洋的国际捕鲸业的发展经历了一段曲折的过程。20 世纪初，每年的捕获量总共不到 200 头，但到 1910 年年捕获量已经突破万头大关。进入 20 年代时又趋降，年捕获量为 8000 多头。30 年代是鼎盛时期，在 1930—1931 年的捕鲸季节里，共捕获了 37500 头。第二次世界大战前夕的年捕获量在 45000 头以上，达到 20 世纪上半叶的顶峰。但由于战争的影响，这一地区的捕鲸活动几乎中止。太平洋上硝烟弥漫，大批捕鲸加工船被击沉，国际捕鲸业从此一蹶不振。到了 1942 年捕获量一落千丈，总数还不到 1000 头。

随着战事告终，捕获量开始慢慢回升，到 50 年代，又恢复到每年 30000 多头的水平。据统计，在 20 世纪上半叶，各国捕鲸公司在南大洋上总共捕获了约 80 多万头鲸。50 年代，南大洋的捕鲸量约占世界捕鲸量的 70%，它是

世界鲸类的主要捕猎场。但到了60年代末，由于这一地区鲸类遭到大规模的捕杀，捕获量便逐年降低。1976年南大洋上的捕鲸量只有1945年的1/2左右，尽管如此，南大洋的捕鲸量仍占世界总产量的2/3。

这期间，捕鲸方法和加工技术也经历了很大的改进和变革。开始阶段仅靠水手驾着小船用长矛和鱼镖与鲸搏斗，既艰苦又危险。因为船很小，所以捕到的鲸必须拖到岸上的基地去加工，因而捕获量受到很大的限制。后来，英国恩德比兄弟公司发明了带有绳索的火炮，将炮弹射入鲸身之后把鲸牢牢地钩住。鲸由于无法脱身，只能拖着船拼命游，直到筋疲力尽。这就大大地提高了捕获效率。与此同时，加工技术也有了相应的发展。进入20年代，巨大的捕鲸加工船投入使用，捕到的鲸再也不必拖到岸上的基地去，而是在船上当即就可以加工处理。特别是冷冻技术的应用，大大提高了鲸和鲸油的储藏周期。随着捕鲸事业的发展，各种现代化设备也都纷纷被捕鲸公司所采用。现在，在捕鲸艇发动进攻之前，有些捕鲸公司已采用最先进的人造卫星侦察鲸群。一般的捕鲸公司均由垂直升降飞机搜索鲸踪，凭借机上的无线电测位仪或雷达，准确无误地确定鲸群所在的方位。旗舰在接到雷达的情报之后，立即命令捕鲸艇向指定目标进击。捕鲸艇前甲板上架设捕鲸炮，带有瞄准器。发射时，重达60~70千克的钢伞形炮箭（也称捕鲸炮弹）通过滑膛射向鲸的胸鳍，命中后炮箭颈部藏缩的4个收叠着的金属倒钩随着炮弹头爆炸立即舒展，像爪子一样深深地嵌入鲸肉内。目前有些国家已经采用先进的电气铦，通过捕缚将220伏电压、15千瓦功率的交流电输到炮箭顶端，鲸体中炮后便触电致死，干脆利落，捕效极高。

炮箭尾部带有长长的尼龙绳索，转动艇上绞盘，死鲸便被拖到艇旁。捕鲸者在鲸尸上插入导管打进压缩空气，鲸尸便鼓胀得滚瓜溜圆，漂浮在海上不致沉没。捕鲸艇如继续出击，就在鲸尸上插上一面红旗作为标志，待捕毕归舟时一并由拖鲸艇收罗后拖回加工船处理。

由于技术上的一系列突破，鲸被捕杀的数量便急剧地增加。它们从大到小，均成为捕鲸工业的牺牲品。30年代初期，以捕杀鲸中个头最大的蓝鲸为主。后来，由于蓝鲸的数目急剧下降，到第二次世界大战之前，个头处于第二位的鳍鲸则成了主要的捕获对象。到60年代中期，灭种的厄运又落到了较小的鲸头上。而从1972年开始，人们连最小的鲸，即小鳁鲸也不肯放过了。

这种转向捕杀小鲲鲸的趋势，一方面是因为较大的鲸已经濒临绝迹，另一方面也是由于国际市场上对鲸脂含量高的种类的需求量下降了，而对能够提供大量高质肉的鲸的需求量增加的缘故。

一般来说，鲸的全部价值中只有大约 15% ～20% 是来自它的油脂，主要的需求是鲸肉。鲸肉已被越来越多的国家用来制作食物。鲸油不仅是一种高级的润滑剂，而且也是制革业和化妆品的重要原料。尤其在前苏联，鲸油更是一种无可替代的高压润滑剂，它在军事、航空和宇宙探测中都非常重要。因此，捕鲸业不可能停止。

在过去，南大洋里确曾有过大量的鲸，它们以自己的生命和躯体支持了世界上庞大的捕鲸业的发展，使不少人发了财，当然也为人类社会创造了财富。但是现在，浩瀚的南大洋中，人们所能看到的鲸却寥寥无几。根据粗略估计，蓝鲸的数量还不到原来的 5%。

保护鲸资源

鲸，是一种资源，也是一种生灵，而且是一种具有相当智能的生灵，因此它应该与人类一样，享有在地球上的生存权。同时，为了人类的长远利益，它们也应该继续生存下去。特别是这些年来，我们不断听到鲸集体自杀的消息，对于稍有良知的人来说，心里都应该有一分内疚。因此，越来越多的人开始以同情的目光注视着鲸的未来，他们忧心忡忡，总是希望那些鲸的捕杀者都能放下屠刀，使那些仅存下来的鲸，能有一条生路，繁衍起来，与人类共同生活在这蔚蓝的星球上。

1972 年，在联合国的人类环境会议上，100 多个国家通过了一项决议案，吁请全世界暂停捕鲸 10 年。这一决议得到了国际捕鲸委员会内一些国家的坚决支持，但也遭到日本和苏联的强烈反对。之后，在世界上，除了日本和苏联这两个国家还继续在南大洋里捕鲸外，其余的国家都遵守了那项议案。

日本和苏联主要捕捞以前认为太小而不值得捕捞的缟臂鲸。在 1980—1981 年间，它们共获取了 12845 吨鲸肉和 1740 吨鲸油。以前，有些西方国家曾经利用鲸肉来制作动物饲料，但 1980 年以后，欧洲经济共同体国家开始禁止进口鲸鱼制品以抗议对鲸的捕杀。苏联主要捕杀巨臂鲸，把鲸肉向日本出口或者用来养貂。但在 1981 年，国际捕鲸委员会通过决议禁止捕杀巨臂鲸之

座头鲸

后，苏联也开始改捕较小的缩臂鲸了。随着科学技术的飞速发展，捕鲸技术也大大地改进了。日本和苏联的捕鲸船都使用了直升飞机、定点飞机和声呐追踪等先进的捕捞技术，对鲸发动了一场立体战争，如同天罗地网一样，能够漏网鲸可以说越来越少了，幸存者实在寥寥无几。在缩臂鲸的数量急剧减少以后，它们又开始捕杀更小的鲸了。

但是，与日本和苏联的做法相反，一些国家的科学家开始了对鲸的研究，以找到增加鲸数量的方法。科学家们发现，座头鲸的寿命较长，跟人类寿命差不多，但生育能力比较弱，一般是一胎一仔，双胞胎的时候并不多。但是，科学家们还发现了一个非常有意思的现象，就是随着鲸数量的减少，鲸交尾的年龄比以前提前了，而且受孕率也显著提高。因此，科学家们高兴地说，鲸似乎正在实行某种早婚多育的政策，以增加它们的数量。

企鹅的悲剧

在一般的人的眼里，企鹅是一种非常乖巧的动物，可爱的生灵，南极洲的居民，人类的朋友。但在一些人的眼里，企鹅却变成了一种生财的资源，因为它肥胖的身体里确实有些油水可以榨取。

1895 年，有人开始在南极洲屠杀企鹅，他们把企鹅活活地扔到开水里去煮，仅仅是为

曾被人类杀害的企鹅

了从每只企鹅的身上提取半升油脂。据统计，每年遭到屠杀的企鹅竟达 15 万只之多！而且，这种野蛮的屠杀一直持续了 25 年之久！直到 1919 年，由于公众舆论强烈谴责，这种野蛮的行径才被迫停止。而那时，已有大约 700 万只企鹅遇难！

值得庆幸的是，自从南极条约协商国于 1964 年制订了《保护南极动植物区系议定措施》之后，再没有人把企鹅看成是一种可以发财的资源了，它已经受到普遍的保护。

鱼类资源

南大洋有相当丰富的浮游生物，但鱼的种类却很少。南大洋大部分地区的水深都在 4000～5000 米之间，但与其他大洋不同，这里并没有密集的深水鱼群。另外，南极大陆架窄而且深，不大适合鱼类生长。所以，在世界上已经发现的 20000 多种海洋鱼类中，在南大洋里只有 100 多种，其中真正有经济价值的只有 20 种。

1970 年，商业性船队开始在南大洋作业，主要捕捞鳕鱼、冰鱼等。其中，苏联船队在南乔治亚水域的捕获量是 41.7 万吨。但在以后的几年里捕获量却很少，说明这一地区的鱼类已经被捕捞得差不多了。后来，苏联、民主德国和波兰又重新增加了对南极鱼的捕获，1977 年这 3 个国家公布的总捕获量是 27.9 万吨。苏联人还对蓝百鱼很感兴趣，1979—1980 年夏季的捕获量是 2.3 万吨。另外，法国、澳大利亚、联邦德国、日本、阿根廷和新西兰等国对南大洋里的渔业资源都很感兴趣。

南大洋与世界上其他大洋不同的是，在这里似乎没有密集的表层鱼群，而绝大部分具有经济价值的种类都为底栖类。南极鲱鱼、鳕鱼和南极齿鱼被认为是商业潜力最大的南极鱼类。应该指出的是，南极鱼类资源虽然也是一种可再生的资源，但由于其繁殖力较弱，生长速度缓慢，如果过度捕捞，很容易遭到灭种的危险。

此外，南大洋的乌贼也是一种具有潜在开发价值的生物资源，但目前还没有进行开发。因为枪乌贼只在夜间浮到水面，而且游动速度很快，捕捞比较困难。已发现南大洋的枪乌贼个头较大，数量可观。最大者体长 5 米，重达 184 千克。估计枪乌贼的可捕量达 1700 万吨。如果能进行捕捞，并适当加

枪乌贼

工，它也是一种较为重要的动物蛋白来源。

南大洋的鱼类主要分布在南极辐合带以南的某些水域，特别是岛屿附近海域，更为丰富。波兰、阿根廷、巴西和乌拉圭等国家也曾先后进行过捕捞。商业性渔场主要集中在南大西洋、南印度洋和某些岛屿周围海区，如南乔治亚及克尔盖伦海区等，捕获量约 40 万～60 万吨。此外，根据鲸、海豹和鸟类每年消耗的鱼类量估算，南大洋中鱼类的年产量约 1500 万吨。

由于南极鱼类的生长速度慢，个头小，产量低，所以极易使其资源因过度捕捞而遭受破坏，甚至使某些海域资源枯竭。如南乔治亚海区，过去鱼类资源相当丰富，经过几年连续捕捞后，使其资源仅剩 20%。因此，国际社会已对该海区和克尔盖伦海区采取了保护措施，以解决局部海区鱼类资源急剧下降的问题。

虽然，目前一般认为，南大洋中鱼类的开发价值没有磷虾和鲸等生物资源那么大，但是，随着对南极海洋生物资源调查的不断深入，南极鱼类的生活习性和数量分布会逐步明确，其潜在的价值也将显示出来。

人类对南极鳕鱼的研究

因为南极鳕鱼体内含有抗冻蛋白，所以它们能够在南极那样超低温的环境中生存。当科学家们揭开南极鳕鱼抗冻之谜后，他们一方面在进一步研究其抗冻蛋白的结构特点和物理化学性质，另一方面也在着手探索它在实践中的意义。人们正设法模拟抗冻蛋白的分子结构，人工合成一些类似其结构的抗冻蛋白或抗冻剂，从而在人们的日常生活和科研中加以应用。

在人们的日常生活中，经常用低温的办法保存肉类、水果和蔬菜等食品；在临床医疗中，经常用低温办法保存血液和待移植的器官；在科学研究中，经常用低温保存菌种和其他生物材料。但是，上述办法有时会因组织冻结，细胞脱水，使保存的材料变质，达不到预期的目的。而涂上适量的抗冻蛋白或抗冻剂，既可使材料在低温下保存，又不会使其冻结而变质。这无疑对人类的生活提供更大的方便。

南极鳕鱼

南极磷虾的开发

虾类是人们最喜爱的食物之一，因为它的味道鲜美，而且营养丰富，属于高蛋白质的食物。南极磷虾更是虾中的佼佼者。

南极磷虾是高蛋白质的食物。按湿重计算，南极磷虾的肉中含蛋白质 17.56%，脂肪 2.11%，灰分 2.36%，水分 77.26%。科学家们在分析了南极磷虾蛋白质氨基酸组成后，发现南极磷虾含人体所必需的全部氨基酸，尤其是代表营养学特征的赖氨酸的含量更为可观。有人将南极磷虾中含有的人体必需的氨基酸组成，与金枪鱼、虎纹虾及牛肉比较，结果发现南极磷虾的赖氨酸含量最高。世界卫生组织曾将南极磷虾、对虾、牛乳、牛肉的氨基酸综合营养价值放在一起评议打分，结果磷虾得 100 分，牛肉 96 分，牛乳 91 分，对虾 71 分。磷虾中呈鲜味和甜味的谷氨酸、门科氨酸、甘氨酸、丙氨酸、丝氨酸和苏氨酸的含量也很高，合起来占蛋白质含量的 46.73%。人体所必需的 8 种氨基酸，磷虾中均有，而且合起来占蛋白质含量的 41.04%，如果加上精氨酸和组氨酸 2 种人体半必需的氨基酸，则占蛋白质含量的 53.0%。

南极磷虾的脂肪酸含量为 2.11%，属中脂类型，比对虾高，主要是不饱和脂肪酸含量相当高（占 70.36%），饱和脂肪酸含量较低，前者是后者的 2.4 倍。在不饱和脂肪酸中含人体必需脂肪酸的亚油酸占 4.02%，比对虾油要高。

南极磷虾中含有各种营养的金属元素。分析结果显示，磷虾的全虾中灰分含量为 3.37%，虾肉中为 2.36%，比对虾高。其中人体所需要的钙、磷、钾、钠都是很丰富的。磷虾的眼球中还含有丰富的胡萝卜素。

因此，我们可以说，南极磷虾具有很高的营养价值，是人类的一种宝贵资源。

在当今的世界，人口总数还在不断地增长，世界各国对蛋白质的需求也越来越多。水产品是蛋白质的一个重要来源，但是由于过度捕捞，传统的鱼类资源正在衰退，传统渔场在消失，渔汛不明显，湖泊等自然水域所能提供的水产品已呈饱和状态。在此情况下，人们自然而然希望另找出路，开辟新的蛋白资源。于是南极磷虾便成为大家追逐的对象。另一方面，许多海岸国家建立了200海里专属经济区，禁止外国的渔船进入这一水域。于是，这些渔船不得不寻找新的渔场和新的捕捞对象。因此，南大洋如此丰富的南极磷虾资源成为了一块令人眼馋的"肥肉"。同时，科学家们预测，到南大洋去开发利用南极磷虾，解决世界性蛋白资源问题将是未来的必然趋势。而且，智利、韩国、德国、日本等国都已经开始了对南极磷虾的捕捞。同时，还有许多国家也在跃跃欲试，准备投身于这一活动中。

在南大洋，磷虾的蕴藏量为4亿~6亿吨，那么，人类究竟应该捕获多少磷虾才合适呢？有人研究过，在鲸资源未被破坏以前，一头体重40吨的须鲸每天要吃磷虾1吨，按此计算，须鲸每年要吃掉磷虾1.9亿吨。现在须鲸少了，估计每年只有5000万吨磷虾被吃掉，于是就有1.4亿吨磷虾的"过剩量"。如果磷虾捕获量为5000万吨的话，那么它就是现在世界总渔获量的一半，这是一个非常诱人的数字。可以说，磷虾是世界上最大的蛋白库。

捕捞南极磷虾，确实能够满足人类的一些需要，但是，人们也必须看到，如果各国一哄而上，必将造成严重混乱的局面。如果磷虾被过度捕捞，磷虾资源量急剧减少，以磷虾为食的生物也会大量减少，势必引起生态系统的破坏，其后果不堪设想。若磷虾数量急剧减少，很可能由劣质的浮游动物来代替，从而毁灭海洋的生产力，人们所希望的蛋白源就会全部丧失。

因此，1977—1986年间，南极研究科学委员会、海洋研究科学委员会等国际组织发起并组织了14个国家参加的南极海洋生物系统和贮量调查，简称为BIOMASS计划。在南极海洋考察史上，这是一项最大的国际合作研究计划。实际上，这是以磷虾资源为核心的南大洋生态系统研究。在10年中，它们进行了2次大规模的联合海洋调查。第一次是在1980—1981年南极夏季，有 13 艘船参加；第二次是在 1983—1984 年和 1984—1985 年的南极夏季，有 17 艘船参加。并且在 10 年国际合作调查中，它们取得了巨大的成果：

（1）过去估计南大洋磷虾资源量为 10 亿~50 亿吨，有人甚至估计上百亿吨，但根据实测结果估计，其蕴藏量为 4 亿~6 亿吨，当然这不是最后结论。实际上，资源量有很大的年际变化，同时由于过去对南大洋初级生产力估计过高，因而磷虾资源量可能没有估计的那样多。

（2）南大洋的食物链不像以前估计的那样简单。在冰区、季节性冰区和无冰区，食物链是不同的。

（3）过去认为磷虾的寿命是 2~3 年，但是实验证明有的可以活 7~8 年。

这些成果对磷虾的合理开发，保护南大洋生态系统是至关重要的。根据这些成果，可以制定合理的磷虾捕捞限额，使磷虾资源不受破坏。

生物资源

生物资源是在目前的社会经济技术条件下人类可以利用与可能利用的生物，包括动植物资源和微生物资源等。有的学者把生物群落与其周围环境组成的具有一定结构和功能的生态系统称为生物资源。

南极矿藏的价值

丰富的矿产资源

1892 年，挪威的拉森船长在西摩岛探险时，首次发现了松木化石；1912 年，英国斯科特极地探险队从南极点返回途中，威尔逊在比德莫尔冰川附近发现了煤。但是，由于恶劣气候环境的影响，人类对南极洲的地质研究工作，在 1957—1958 年的国际地球物理年以前很少进行，因而对南极洲的地学轮廓都不十分了解。自国际地球物理年以来的 50 多年间，因雪上履带车和装备有雪橇的飞机的应用，给南极大陆地质考察提供了方便条件，因此，地质学家

南极大陆矿产资源分布图

的足迹几乎遍及南极大陆的处处岩石裸露区域，初步掌握了这块冰雪大陆的许多有关地质情况，对这块大陆的由来、地质变迁、矿产资源等都有较为深刻的认识。

　　根据各国科学家近四五十年的地质及地球物理调查资料，和已初步发现的100多种矿产分布规律，可将南极划分为3个成矿区。苏联的科学家将这3个成矿区分别称为冈瓦纳成矿区、环太平洋成矿区和大西洋成矿区。而美国科学家罗利划分的3个成矿区为东南极洲铁成矿区、南极横贯山成矿区、安第斯成矿区。而这3个成矿区初步查明的矿产资源分布是：东南极洲铁成矿区主要是铁、铜、锰矿；南极横贯山成矿区主要是铜、铅、锌、银等有色金属矿产和储量丰富的煤层；安第斯成矿区（包含南极半岛）主要是铜、铅、锌、金、银等有色金属，尤其是南极半岛的铜、金。有色金属矿产可能与南美洲的特大型斑岩铜钼矿床相联结，不过，还有待于进一步证实。

南极的铁矿

铁对人类来说有着重大的意义。铁器的发明标志着人类在社会发展上有了一个巨大的进化和飞跃，钢铁是现代工业的骨骼，对于人类社会的发展和生存起着举足轻重的作用。所以，人类十分重视对铁矿的寻找。

在南极大陆，铁矿是所发现的储量最大的矿产，其主要位于东南极洲。1966 年，前苏联地质学家在麦克·罗伯逊地查尔斯王子山脉南部的鲁克尔山北部发现了厚度约 70 米的条带状富磁铁矿岩层，称为条带状磁铁矿层或碧玉岩。矿石平均含铁品位为 32.1%，最富可达 58%，其中三价铁含量高于二价铁。整个岩系厚度达 400 米，时代为晚太古至元古代。1971—1974 年，他们在调查中确定了该地区磁铁矿和硅酸盐中铁的品位可以与澳大利亚

对人类有着重大意义的铁矿石

西部的哈默斯利盆地、北美洲的苏必利尔湖区、加拿大的谢弗维尔地区和苏联的克里沃·罗格地区的铁构造相比。航空磁场调查资料表明，铁矿集中区在冰体下长 120~180 千米，宽 5~10 千米。

1977 年，美国的霍夫曼和里瓦齐等人，根据航磁异常报道了在鲁克尔山西部的冰盖下的两个磁异常带，其宽度为 5~10 千米，延伸达 120~180 千米，他们初步认为这是鲁克尔条带状含铁层的延续。如果他们推断正确的话，那么，该地区将是世界上最大的铁矿。这就是目前一些南极地质学家所声称的"南极铁山"，其铁矿蕴藏量，初步估算可供全世界开发利用 200 年。

另外，人类在查尔斯王子山脉往东，在西福尔山的冰川漂砾中，也发现有大量碧玉铁质岩砾石，但与查尔斯王子山脉所见的不同，这些含铁岩可能来自西福尔丘陵以南的宽 2~4 千米，长约 120 千米的冰下磁异常带。

澳大利亚地质学家在恩德比地的纽曼孤峰群发现了太古代条带状含铁层，并且报道了努凯峰群附近的航磁异常。该条带状含铁层长 750 米，宽 150 米，厚 20 米，平均含铁品位为 34.4%。

除此之外，东南极洲的毛德皇后地中、西部，靠近威德尔海的石榴石和石英磁铁矿脉中以及马里皇后地的诺克斯海岸的班戈丘陵等地都先后报道有富含磁铁矿的岩系存在。

由此可见，东南极洲前寒武纪地区包含的太古代和早至中元古代的条带状含铁岩层分布十分广泛，它们在澳大利亚、印度、南非和南美等冈瓦纳大陆的前寒武纪地质区均有发现。上述大陆的条带状含铁层，经过长期的去硅和去碳酸盐的分选作用，形成了富含铁的赤铁矿。例如在西澳大利亚的皮尔巴拉地区和哈默斯利盆地都有储量约 14 亿~200 亿吨、含铁品位极高的特大矿床。然而，由于南极洲自然条件十分恶劣，南极洲的低品位铁矿资源，在勘探和开发方面有许多不利因素，经营费用势必十分昂贵。所以在世界其他大陆的铁矿资源还未耗竭之前，人们还不会去南极洲去开采铁矿。

南极的煤田

对人类来说，煤是一种重要的天然能源，它与人类的发展、生存息息相关。在早期的南极探险中，人们经常在露岩区采集标本时发现煤，而且用它做饭、取暖。时至今日，在南极大陆上发现的煤田很多，而且许多煤层直接露出地表。目前发现的煤田主要分布在南极横贯山脉沿罗斯海岸的一段，还有西南极洲的埃尔斯沃思山区也有煤田露出。南极横贯山脉的煤田，可能是世界上最大的煤田。从维多利亚地中部到瑟伦山的南极横贯山脉含煤岩系中，厚约 500 米的二叠纪砂岩中分布着多层煤层。煤层厚度从几厘米到几米，最厚可达 5 米，但比较少见。这些煤层呈透镜状，水平延伸一般小于 1 千米，煤质从低挥发性的烟煤到半无烟煤，含灰量为 8%~20%。

另外，人们在乔治五世地的霍恩崖、毛德地的海姆弗伦特山脉、埃尔斯沃思山脉和霍利克山脉的相同沉积地层中，也发现了煤。在查尔斯山脉北部比弗湖附近的二叠纪沉积地层中，发现厚度为 2.5~3.5 米的煤层，煤质优良。科学考察资料表明，南极大陆二叠纪煤层广泛分布于东南极洲的冰盖下的许多地方，其蕴藏量约 5000 亿吨。

鉴于南极洲煤田开采和运输方面的巨大困难，在世界其他各大陆煤矿资源尚未枯竭或能找到代替能源之前，南极洲的煤矿只能作为储备资源继续沉默下去，等待被人类开发利用。

有色金属矿产

国防工业、机械制造和日常生活中，有色金属（包括许多贵重金属）发挥着巨大的作用。对有色金属的开采一直受到人们的重视。

南极洲地域广阔，与地质构造和地质历史相似的其他大陆比较，可能潜藏有丰富有色金属资源。

南极洲的有色金属矿产主要分布在西南极洲的安第斯成矿区，含南极半岛、埃尔斯沃思地、玛丽伯德地。该区北部可能与南美的安第斯山脉相连，南部与新西兰为邻。该区时代为中至新生代，主要矿化为铜，还有铁、铅、锌、金、银等。这些矿种多与钨碱性侵入岩有关。可进一步划分为铜亚区（主要是整个南极半岛）和铁亚区（主要是半岛西部）。所谓矿化地区，系指有矿产显示和储存，但其品位、储量（尤其是储量）都达不到工业开发标准的地区。

在南极大陆，有色金属主要矿化地区包括：

（1）南设得兰群岛的吉布斯岛。在该岛超基性火山岩体中发现了成层粒状侵染的铬矿化，其时代为晚古生代至中生代（约3.5亿年～1.5亿年前）。

（2）乔治王岛。在该岛上发现了最大的石英交代岩体和大量黄铁矿及次生赤铁矿、钛铁矿，还有大面积火山岩热液蚀变岩石中的黄铜矿、斑铜矿、辉铜矿、磁黄铁矿、白铁矿和磁铁矿。时代为晚侏罗纪至第三纪。该区还有大量斑状侵入体，矿化现象与其附近的热液蚀变有关，含有铜、铅、锌等多金属热液与斑岩型矿床相关。

1977年，地质学家在南极半岛及其周围岛屿发现了各种小型有色金属矿，其中就有多处斑岩型铜矿，与世界闻名的铜矿之国——智利的安第斯山脉中段典型的铜矿类型相同。中安第斯山的斑岩铜矿中普遍有钼的硫化物辉钼矿伴生，南极半岛也是如此。另外，在东南极前寒武纪地质的基岩里也发现了一些小型的辉钼矿矿床。

安第斯板块俯冲作用使大量钨碱性火山岩喷出，盖在半岛及西埃尔斯沃思地古生代岩石之上，其中也发现有金属矿化。

在中央安第斯山脉，与斑岩铜矿床共生的金和银十分常见，而在南极半岛上的一些地区也同样发现了金和银的矿化点。例如在斯托宁顿岛上的英国基地附近，在侵入于变质岩基底的安第斯花岗岩中，发现与黄铁矿相伴生的金银矿，金的含量为 1.4 克/吨，银的含量为 10.3 克/吨。另外，在东南极洲维多利亚地和阿德利地海岸带的含硫化物石英岩脉中，都发现金和银的矿化，并与铬、镍、钴共生。

世界上许多铬、镍、钴矿床都与巨大原基性岩类岩浆侵入体有关，并且通常表现得如沉积岩那样呈水平状。南非的布什维尔克，蒙大拿州的斯蒂·尔沃特和渥太华的萨德伯里等 3 个这样的大岩体中，也有铂和铜与铬、镍、钴矿床伴生。西南极洲彭萨科拉山脉几乎占 1/3 的北段杜费克岩体是世界上最大的层状岩浆杂岩之一。粗测表明，这个中侏罗纪侵入体至少有 34000 平方千米，厚度约 7 千米。尽管还没有在该杂岩体找到有意义的矿床，但它仍然是重要的勘探对象。据报道，在南维多利亚地沃伦山脉，有另一个与杜费克相似的层状杂岩体，只是还未进行详细的考察。

经过地质学家们多年的考察研究，已初步发现了南极的有色金属与贵金属矿产的分布规律。那就是南极半岛的铜矿及与它共生的有色金属矿特别多，这种伴生现象与南美洲西部世界上有名的安第斯山铜矿带十分相似，这无疑是同一安第斯构造带向南极洲的延伸。而东南极洲沿海地区的铁矿、铀矿和其他许多矿点生存的地质条件，又同澳大利亚、印度和南非已发现的一些同类型大矿床不尽相同。

南极的油气沉积盆地

1973 年，美国执行深海钻探计划（DSDP）的钻探船"格洛玛·挑战者"号，在罗斯冰架外的大陆架区 4 个站位上进行钻探。据科学家推算，那里的沉积物厚度达 3000～4000 米，而美国钻这 4 个孔的目的旨在研究那里沉积物的沉积史。因此，所选的钻探站位故意避开过去从海洋地球物理研究角度认为沉积地层可能有含油构造的区域。然而，这 4 个钻孔中有 3 个仅钻到 45 米深时就喷出了大量的天然气。为了使烃类不再外溢，保护南极自然环境免受污染，他们不得不马上用水泥将井口封住。尽管美国对这一个消息进行了封锁，但还是被外界所知晓。人们因此猜测，罗斯海盆地可能储有重要的烃类化合物资源。特别是上述4个钻孔都避开了很有可能蕴藏着烃类化合物的沉积层已知凹陷构造区，这不能不使人们对南极大陆周围海域的石油资源更加关注。

根据近几十年在南极大陆周围海域的海洋地质和地球物理调查的资料，认为在南极大陆周围海域可能潜在油气资源的沉积盆地有7个。它们是威德尔海盆、罗斯海盆、普里兹湾海盆、别林斯高晋海盆、阿蒙森海盆、维多利亚地海盆、威尔克斯地海盆。

罗斯海位置示意图

罗斯海盆

罗斯海盆和威德尔海盆是上述沉积海盆中最有含油气远景希望的。罗斯海的大陆架面积约77.2万平方千米，相当于英国和法国面积之和。沉积海盆的厚度有三四千米，沉积物为白垩纪和第三纪。

罗斯海盆是人们在南极地区所做的工作最多的地方之一。继"格洛玛·挑战者"号在罗斯海域发现石油踪迹之后，各国纷纷对罗斯海开展了地质和地球物理调查工作。1980 年，联邦德国地球科学与自然资源研究所，根据1974—1975 年美国"埃尔塔宁"号调查船绘制的简单调查海图对罗斯海进行了 48 条路线的调查，其调查结果支持了该海域沉积岩厚度至少有三四千米的估计。1981—1983 年间，法国石油研究所和日本国家石油公司分别对罗斯海进行了地质和地球物理测量。1986—1987 年，苏联地质学家首次进入罗斯海，他们用公共深点法完成了 4300 千米的地震剖面，取得的主要成果是对美国、新西兰和联邦德国考察队早期资料的重要补充：罗斯海盆沉积岩厚度，在西部有三四千米，中部和东部达五六千米。

罗斯海盆曾经与澳大利亚的吉普斯兰德海盆相连，后者在 1974 年被证实储存有 2.5 亿桶石油和 220 亿立方米的天然气。另外，罗斯海曾与新西兰及其南面的坎贝海台在地质历史上有过联系，在新西兰沿岸的主要发现是毛伊油气田，该油田正在开发。

威德尔海盆

威德尔海盆，从地质学上看，与罗斯海盆相似，也是寻找油气资源最有希望的海区之一。威德尔海陆架上的沉积物厚度达 3000～4000 米。自 1976

威德尔海位置示意图

年，苏联地质学家就开始对威德尔海盆进行了 100 万平方千米的航空地球物理测量，800 千米的深部地震测深，用反射法和折射法进行了海上和冰上的地震调查，获得了长度和信息量举世无双的深地震剖面，结果发现冰架下面的沉积岩厚度有 12～15 千米。1976—1977 年，挪威对威德尔海进行了地震调查，获得 16 条路线资料；1977—1978 年，联邦德国地球科学与自然资源研究所对威德尔海的调查，获得了 48 条路线资料；1981—1982 年，日本国家石油公司技术研究中心的专家利用地质测量船"白岭丸"，在威德尔海获得了 24 条路线的资料。英国也对威德尔海进行过航空磁测，得出的结论与苏联的结论基本一致，即其沉积岩厚度为 14～15 千米。

威德尔海的面积巨大，约 90.1 万平方千米，其年代也比较老。大西洋边缘的地层年龄纪录为早于晚侏罗纪或白垩纪，世界上大多数石油产于该年代的岩层中。

虽然还没有一个国家在威德尔海盆进行钻探，但是很清楚，这一海区含有潜在烃类化合物资源。

普里兹湾海盆

世界上最大的冰川——兰伯特冰川，沿着一条南北长 700 千米，宽度为 20～100 千米的巨大地堑顺势而下，这个地堑，在其北端的入海处形成艾默里冰架。人们认为，在这一复杂的断裂系统中，由于谷底的沉降形成了一个巨大的凹陷构造，这一断裂系统始于前寒武纪。然而，大规模的断裂或许始于晚中生代。在艾默里陆缘冰末端的陆架区上有一沉积物厚度达 5 千米甚至达 10～12 千米的海盆，称为普里兹湾海盆。该海盆在构造上与兰伯特地堑的关系没有确定，但是两者或许有一定关联，它们之中均部分地填充着或许是晚中生代到新生代时期的沉积物。

目前，对普里兹湾海盆中的这些相当新的，而且未受到扰动的沉积物的厚度问题，仅能给予很一般的说明。

苏联地质学家在 1971—1974 年航空地球物理测量和深部地震测深的大量资料基础上，获得了关于普里兹湾海盆的首批信息。1981—1982 年，澳大利亚以及 1985 年日本的调查工作提供了有关友谊海大陆坡区的地震信息。在 1985—1986 年，苏联地球物理学家在普里兹湾中部用公共深点法进行了 934

千米的地震剖面测量，证实该海盆并不是单一海盆，而在中部存在一巨大的南北走向的隆起，把其分隔成东南和西北两个独立沉积海盆，其沉积岩厚度为 7～10 千米。另外，沉积于兰伯特地堑以及艾默里冰架东缘下的沉积物厚度，在兰伯特地堑的北部可达 10 千米，而在艾默里冰架东缘之下为 5 千米。

在世界其他地区，沉积于如此大的凹陷构造中的厚沉积物，都是勘探烃类化合物的主要目标。基于这种考虑，兰伯特地堑以及位于陆架上的普里兹湾海盆也必然被认为是主要的烃类化合物勘探区。

别林斯高晋海盆和阿蒙森海盆

别林斯高晋海面积为 25.6 万平方千米，阿蒙森海面积为 21 万平方千米，加在一起与法国的面积差不多。1980—1981 年，日本国家石油公司的技术研究中心，使用"白岭丸"地质测量船，在别林斯高晋海进行了 12 条地震剖面调查。此前，美国地质学家曾用"冰川"号考察船，对别林斯高晋海和阿蒙森海进行过地质测量。调查发现，其中的一个地区的沉积岩厚度为 3～3.5 千米。别林斯高晋海和阿蒙森海的大陆架比较狭窄，船只很难航行到此。尽管这两个海的陆架区可能有大量的侏罗纪和新生代沉积物，这是烃类化合物的可能来源。但是，实际上人们对这些区域的陆架沉积的详细情况迄今知之甚少。只有通过对这些区域进行大量的海洋地球物理调查和航空磁测，方能作出恰当的估计。

但是，南极大陆架与含有油气的南美洲太平洋部分海岸十分相似，所以地质学家和尤其勘探者对它的兴趣十分浓厚。

南极大陆

南极大陆，特别是西南极大陆的部分白垩纪和第三纪地层中可能有石油，但因钻探技术实际上还不可能穿透几千米厚的冰体，因而，很难对此进行深入的研究。

南极大陆架有油气资源是毫无疑义的，但其蕴藏量却很难得出。其原因有：①目前世界各国对南极大陆架所做的调查工作较少，且调查的详细程度也不够；②调查国家对矿产资源的资料都封锁得甚严，不向外公布。因此，有关南极洲石油和天然气储量的数字，来自于不同的资料或报告都不尽相同。

美国地质勘探结果认为，"从西南极洲大陆架可以开采450亿桶石油和33000亿立方米天然气，该石油数字几乎与全美国已证实的石油储量相当。"1974年，苏联人估计南极洲大陆架石油资源超过阿拉斯加。1979年，海湾石油公司的一名代表估计，仅罗斯海和威德尔海两个海的石油储量就可能有500亿桶，甚至更多。直到1983年，美国国务院未经出版的报告仍然认为南极洲大陆架所蕴藏的石油可能达到几百亿桶的数量级。

另外，随着新西兰、澳大利亚、南非和南美洲最南端的各大陆架上都正在进行着的石油和天然气的勘探和开发，人们相信，根据大陆漂移学说，南极洲大陆架和冰架下面都有可能蕴藏着丰富的石油和天然气。

南大洋的海底矿产

一般来说，海底矿产资源指的是大洋海底表层的沉积物中的多金属结核矿产，又称锰结核矿产。大洋锰结核这一巨大的潜在矿产，广泛分布于世界的洋底。由于其形态和成分上的特征各异，人们通常又把它称为锰结核、锰团块、锰矿球或锰瘤等。它大多产于海底表层，水深为3000~5000米的深海平原、海沟、海谷、海底火山和群岛附近。

锰结核矿的最大特点是蕴藏量巨大，所含的稀贵金属铜、钴、镍又多。比如在太平洋海域，据梅洛和梅纳德估计，其蕴藏量达16000多亿吨，约含锰2000多亿吨，铜50多亿吨，镍90多亿吨，钴30亿吨，相当于陆地矿山中储有铜的50倍，锰的200倍，镍的600倍，钴的3000倍。如果考虑到大洋锰结核矿如此大的储量，而且还在继续增长，可以毫不夸张地说，深海大洋锰结核矿是人类"用之不竭的资源"。

1873年2月，英国"挑战者"号考察船航行三大洋期间，在加那利群岛西南约300千米处首次采得海底锰结核。这个发现引起了人们的极大兴趣。英国科学家汤姆逊首次描述它们为"约1英寸长的特殊黑色卵形体"。他最初认为这类沉积物是化石，但后经化学分析才确知它主要是由锰组成的。默里和雷纳德根据"挑战者"号的发现，第一次发表了有关锰结核的产状、形态和成分等方面的报道。继"挑战者"号之后，"信天翁"号考察船于1899—1900年和1904—1905年期间，对太平洋结核进行了调查和取样，发现的锰结核所处水域较深，约4000~5000米。1948年美国的斯克里普斯海洋研究所进

锰结核

行海底山脉地质考察时，在水深小于 1000 米的海底也发现了大量的结核和铁锰氧化壳，从而扩大了人们探查锰结核富集区的海域。后来各国派出大量考察船，进行大洋锰结核矿的基础调查研究，包括海洋沉积学、物理海洋学、地球化学以及矿产的生存机制、分布富集规律等方面的研究。

大洋锰结核的形成机制很复杂，它的物质来源于火山爆发而沉积于海底的岩石碎片和玻璃质物质以及海洋生物的骨骼残核为核体，经过长年累月的地球化学和沉积作用，在核体的表面赋存一层含锰、铁、铜、钴、镍等矿物成分的硬壳包裹体，其形态为粒度大小不等的球状物，人们把这些球状物称为锰结核。

南大洋的锰结核矿是 20 世纪 70 年代初由美国调查船在南纬 60°左右的南大洋辐合带之下发现的，此处有一约 500 千米宽的连续锰结核带状区。在此带状区的南北也发现了锰结核含量较少的地区。南大洋锰结核矿的物质来源除了上述的原因外，还主要取决于南极洲庞大的冰川搬运活动。它将成矿物质从南极大陆搬运入海后，加之环南极洲的底层流将锰、铁和其他金属矿物运移到南极辐合带海底附近，沉积于有成核作用的物质上，以每 1000 年 60 毫米的速度迅速生长，从而形成越来越大的海底锰结核球体。根据在南大洋采集的 168 个锰结核样品的分析结果可知，太平洋和南大洋的锰核矿成分含量稍有不同。一般规律是，锰结核矿中铜、钴、镍、锰等金属含量有随着离赤道距离的增加而减少的趋势，因此，可以说，南大洋中锰结核矿中金属含量普遍低于太平洋中锰结核的金属含量值。

还有值得一提的是，在海洋法会议中，大洋锰结核矿问题一直是争论的焦点之一，国际海洋法中还为此专门成立了海底资源管理委员会，来具体讨论和管理海底资源。20 世纪 60 年代前后，一些海洋国家开始成立国家公、私图例：
□ 锰结核丰积区和（或）厚结壳区　　■ 最有希望的锰结核富集区　　→ 南极辐合带

南大洋锰结核沉积分布

企业集团，探索独自开发大洋锰结核的途径。20世纪70年代又出现了国际资本集团联合开发的趋势。但是，由于南大洋的特殊地理结构和自然环境，商业性的开发利用南大洋的锰结核还需要一定时间的等待。

 知识点

成矿区

成矿区：矿床在地壳中分布不均匀，有些地区稀少，有些地区密集，成矿相对丰富的地质单元为成矿区（狭长带状延伸者为成矿带）。在一个成矿区（带）中常以某几种矿产，或某些类型矿床特别发育为特征。例如，中国南岭成矿区中钨、锡、锂、铍、稀土金属矿床比较集中，而长江中下游成矿带中铜、铁、硫等矿床密集。成矿区的形成是区域地质构造运动演化的结果，受大地构造背景、岩石建造类型和区域地球化学特征等综合因素控制。研究成矿区的形成和分布，对成矿远景区划和开展普查找矿有实际意义。

淡水资源

漂浮的冰山

对人以及一切生物来说，水就是生命之源，一刻也不能离开它。

在南极，巨大而厚实的冰盖就是一个巨大的淡水资源库，它储存了全世界可用淡水的72%。有人估算，这一淡水量可供全人类用7500年。而且其冰盖是在1000万年前形成的，没有受到任何污染，水质非常好。并且，将南极冰溶解在杯内时，冰晶体中的气泡溢出会发出清脆的响声，美妙悦耳。

除了南极大陆的冰盖以外，南极大陆四周的海冰数量也相当可观。同时，南极冰盖由于受重力作用和大陆地形坡度的影响，不断从大陆内部向沿海流动，最后崩裂，坠入大海的冰层，成为漂浮的冰山。据估算，每年从南极大陆崩裂入海的冰山和冰块量达14000多亿吨，体积约1200立方千米。即使把这些冰山的10%拖运到干旱地区，也足以浇灌1000万公顷的农田，或者供5亿人口的用水。因此，这不仅对那些干旱缺水的国家有很大的吸引力，甚至连美国这样淡水资源相当丰富的国家也对开发南极淡水资源很感兴趣。漂浮在南大洋上的冰山总量约22万座，总体积约18000立方千米。有记录的世界最大的冰山，其面积有30000多平方千米，长333千米，宽96千米，比整个比利时还大。所以，南极的海冰和冰山也是相当可观的淡水资源。

世界上一些淡水不足的国家，特别是非洲一些干旱的国家以及澳大利亚、智利、巴西等南半球国家，都在研究开发利用南极冰山的可能性与技术方法问题。1973 年，威克斯和坎贝尔两人探讨了运输冰山到世界缺水地区的设想。1977 年，第一届国际冰山利用会议在美国依阿华州立大学召开，从而将冰山拖往世界干旱地区利用的研究工作受到人们的重视。1977 年，国际冰山运输公司成立，它是由沙特阿拉伯提供资金，法国提供技术知识而联合创立了世界上第一个开发利用冰山的商业性企业。与此同时，一个国际性非营利研究基金会——冰山未来利用基金会也宣告成立，这个基金会主要赞助科学家对有关冰山的形成、挑选、运输和全部利用等问题进行研究。

威克斯和坎贝尔在提出搬运冰山设想的同时，也提出了要把南极冰山作为淡水资源开发利用所要解决的最关键的技术问题是：冰山的拖运问题，长达 10 多千米、宽两三千米的冰山，要从南极洲沿海经过强风暴区和浩瀚的大洋拖至非洲或南美洲，要不使冰山随波逐浪或随风漂移，还要使它在

南极冰山就是丰富的淡水资源

拖运过程中不发生崩裂和尽量减少融化，这就需要很大马力的拖船才能实现。有的科学家甚至设想，把动力设备和导航仪器直接装在冰山上，把冰山驾驶到目的地。但冰山的水下部分很大（一般冰山水上、下部分之比为1:4～5），一座水面高 60～70 米的冰山，其水下部分常达 200 米以上，这种冰山是无法拖运到缺水国家的近海岸的，因为那儿的大陆架深度一般小于 200 米。即使能把冰山运到近海岸，如何从冰山上取淡水也是个问题，不然在气温高的非洲和南美国家海岸，冰山会很快融化掉的。

据专家们研究，在千姿百态的南极冰山中，平台状冰山是最适于用拖的方式来运输的。而平台冰山集中的主要地区是艾默里冰架、罗斯冰架和菲尔希纳冰架。威克斯和坎贝尔两人认为，罗斯冰架和菲尔希纳冰架是运往非洲西南岸纳米布沙漠的最佳冰山来源地。艾默里冰架是运往澳大利亚的最佳冰山来源地。

虽然，开发南极的淡水资源比开发南极的矿产资源前途乐观，但是，实施拖运冰山计划所付出的投资和代价，又使人们望而生畏。有人对沙特阿拉伯的一个拖运冰山计划进行了预算，其费用需100亿~500亿美元，这样大的一项投资，不下大的决心，是难以实现的。

由于技术问题和巨额投资的困难，到目前为止，开发南极的淡水资源还只停留在"纸上谈冰"的阶段，还没有一个国家率先迈出第一步，做一示范，拖一座冰山，哪怕是一座很小的冰山，到其本国的陆地上去应用。

但是，随着现代科学技术的飞跃发展，随着世界淡水资源的需求量与日俱增，且许多地方水污染程度加快，完全可以相信人类开发利用南极冰山淡水资源的日子不会太远了。

冰　晶

冰晶是水汽在冰核上凝华增长而形成的固态水成物。冰晶的雪花开成时的必要介质，它以一些尘埃为中心从而与水蒸气一起在较低的温度下形成一个像冰一样的物质，在冰晶增长的同时，冰晶附近的水汽会被消耗。所以，越靠近冰晶的地方，水汽越稀薄，过饱和程度越低。这样就会形成冰花，下到地上来就成了雪花了。

理想的高空大气物理研究场所

高空大气物理研究的对象，是从30千米的高空一直到行星际空间所发生的地球物理现象和物理过程。为了研究的方便，按照不同的物理特性，将大气层分为若干层。

太阳辐射能是控制高空大气物理现象的能源。由于极地区的太阳辐射能和地磁场与其他地区不同，使极地区成为研究高空大气物理的极好场所。而且，南极地区比北极地区条件更优越，因为南极圈内主要是陆地，而北极圈内主要是海洋。

高空大气层中发生的各种物理现象，如极光等，不仅在科学上具有重要研究价值，而且在实践中产生巨大影响。因此，高空大气物理学的研究，备受各国科学家的重视。

在离地球约 64000 千米以外的上空，也就是 10 倍于地球半径的远方，有一股超音速的带电粒子流，或称为"等离子"流，它以每秒数百千米的速度飞向地球，不断地冲击着地球外围的环境，这就是太阳风。

太阳结构图

太阳风与我们通常所说的风截然不同，它吹的不是大气，而是带电的粒子流。这种粒子流主要由氢离子和电子等组成，其浓度为每立方米数百万个电子。

太阳风对地球的磁性层有重要影响，两者的相互作用，产生了许多奇特的物理现象。

地球像一块大磁铁，它有自己的磁场，称为地磁场。地磁场向宇宙伸展，形成了一个称为磁性层的区域。

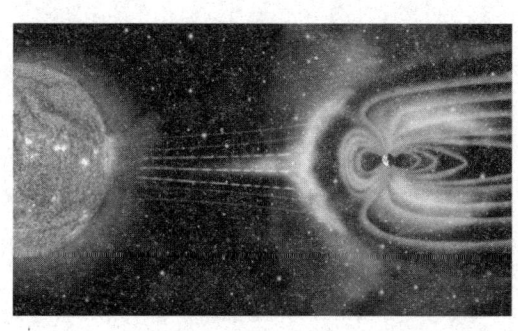

太阳风冲击地球外围

磁性层向着太阳的一面，地磁场的磁力线闭合，宛如一个球形大盾，保护着地球，使其免受太阳风的轰击；同时，使太阳风的方向改变，使其绕过地球。

磁性层背着太阳的一面，磁力线被太阳风向外拉开，呈尾状伸展，并入行星际磁场的磁力线。

地磁场与偶极子相似，就像有一个长条形的磁铁位于地球的中心附近。在地磁场的南北极有南北两个歧点。在歧点上，太阳风的等离子体能穿过磁性层，进入极地上空的高层大气。此时，在高空大气中，就会出现许多奇特的自然现象。在非极区，这些现象很难看到，或根本看不到。

太阳辐射能是世上万物赖以生存的能量源泉，是驱动全球天气和气候的动力，也是控制高空大气层中发生的形形色色的地球物理现象的能源。

太阳辐射能主要由电磁辐射和粒子辐射两部分组成。前者直接射向地球，加热大气；后者在射向地球的途中受太阳风和地磁场的共同作用，加热外层大气。

南极和北极地区是地磁场近于垂直进出地面的区域，从而产生空间带电粒子极易进入的系列重要物理现象，因此，也具有很高的科研价值。

大气物理学

大气物理学是研究大气的物理现象、物理过程及其演变规律的学科，是大气科学的一个分支。它主要研究大气中的声象、光象、电象、辐射过程、云和降水物理、近地面层大气物理、平流层和中层大气物理，既是大气科学的基础理论部分，又是环境科学的一个部分。